ARTIFICIAL
INTELLIGENCE

INTRODUCTION TO
MACHINE
LEARNING

人工智能超入门丛书

# 数据科学

## 机器学习如何数据掘金

龚超　毕树人　杨华　著

化学工业出版社
·北京·

## 内容简介

"人工智能超入门丛书"致力于面向人工智能各技术方向零基础的读者，内容涉及数据思维、数据科学、视觉感知、情感分析、搜索算法、强化学习、知识图谱、专家系统等方向，体系完整、内容简洁、文字通俗，综合介绍人工智能相关知识，并辅以程序代码解决问题，使得零基础的读者快速入门。

本书是"人工智能超入门丛书"的一个分册，以机器学习为主线，介绍如何利用机器学习进行数据分析。全书内容共分7章，主要包括机器学习基本概念、数据分析相关基础知识、机器学习解决四类问题（回归问题、分类问题、聚类问题、降维问题）的算法、神经网络相关知识，并在附录中对Python编程基础知识、数据相关数学知识以及Python实验室Jupyter Lab的使用进行了介绍。

本书面向在人工智能方向零基础的读者，内容全面系统，语言通俗易懂，配合典型程序操作练习，简单易上手，能够帮助读者轻松认识和理解人工智能核心技术。本书可以作为大学生以及想要走向人工智能工作岗位的技术人员的入门读物，也可作为青少年人工智能相关技术方向的课程教材，同时也可作为技术普及读物供对人工智能技术感兴趣的读者阅读。

## 图书在版编目（CIP）数据

数据科学：机器学习如何数据掘金 / 龚超，毕树人，杨华著 . —北京：化学工业出版社，2023.1

（人工智能超入门丛书）

ISBN 978-7-122-42516-4

Ⅰ.①数… Ⅱ.①龚… ②毕… ③杨… Ⅲ.①人工智能 - 普及读物 Ⅳ.① TP18-49

中国版本图书馆 CIP 数据核字（2022）第 208148 号

责任编辑：曾　越　周　红　雷桐辉　　　　　　装帧设计：王晓宇
责任校对：宋　夏

出版发行：化学工业出版社
　　　　　（北京市东城区青年湖南街 13 号　邮政编码 100011）
印　　装：河北鑫兆源印刷有限公司
880mm×1230mm　1/32　印张 6¾　字数 156 千字
2023 年 4 月北京第 1 版第 1 次印刷

购书咨询：010-64518888　　　　　　售后服务：010-64518899
网　　址：http://www.cip.com.cn
凡购买本书，如有缺损质量问题，本社销售中心负责调换。

定　　价：69.80 元

# 前言

新一代人工智能的崛起深刻影响着国际竞争格局，人工智能已经成为推动国家与人类社会发展的重大引擎。2017年，国务院发布《新一代人工智能发展规划》，其中明确指出：支持开展形式多样的人工智能科普活动，鼓励广大科技工作者投身人工智能的科普与推广，全面提高全社会对人工智能的整体认知和应用水平。实施全民智能教育项目，在中小学阶段设置人工智能相关课程，逐步推广编程教育，鼓励社会力量参与寓教于乐的编程教学软件、游戏的开发和推广。

为了贯彻落实《新一代人工智能发展规划》，国家有关部委相继颁布出台了一系列政策。截至2022年2月，全国共有440所高校设置了人工智能本科专业、387所普通高等学校高等职业教育（专科）设置人工智能技术服务专业，一些高校甚至已经在积极探索人工智能跨学科的建设。在高中阶段，"人工智能初步"已经成为信息技术课程的选择性必修内容之一。在2022年实现"从0到1"突破的义务教育阶段信息科技课程标准中，明确要求在7—9年级需要学习"人工智能与智慧社会"相关内容。实际上，1—6年级阶段的不少内容也与人工智能关系密切，是学习人工智能的基础。

人工智能是一门具有高度交叉属性的学科，笔者认为其交叉性至少体现在三个方面：行业交叉、学科交叉、学派交叉。在大数据、算法、算力三驾马车的推动下，新一代人工智能已经逐步开始赋能各个行业，现在几乎没有哪一个行业不涉及人工智能有关元素。人工智能也在助力各学科的研究。近几年，*Nature*等顶级刊物不断刊发人工智能赋能学科的文章，如人工智能数学、化学、生物、考古、设计、音乐以及美术等的结合。人工智能内部的学派也在不断交叉融合，像知名的 AlphaGo，就是集三大主流学派优势制作，并且现在这种不同学派间取长补短的研究开展得如火如荼。总之，未来的学习、工作与生活中，人工智能赋能的身影将无处不在，因此掌握一定的人工智能知识与技能将大有裨益。

根据笔者长期从事人工智能教学、研究经验来看，一些人对人工智能还存在一定的误区。比如将编程与人工智能直接画上了等号，又或是认为人工智能就只有深度学习等。实际上，人工智能的知识体系十分庞大，内容涵盖相当广泛，不但有逻辑推理、知识工程、搜索算法等相关内容，还涉及机器学习、深度学习以及强化学习等算法模型。当然，了解人工智能的起源与发展、人工智能的道德伦理，对正确认识人工智能和树立正确的价值观也是十分必要的。

通过对人工智能及其相关知识的系统学习，可以培养数学思维（Mathematical Thinking）、逻辑思维（Reasoning Thinking）、计算思维（Computational Thinking）、艺术思维（Artistic Thinking）、创新思维（Innovative Thinking）与数据思维（Data Thinking），即 MRCAID。然而遗憾的是，目前市场上既能较综合介绍人工智能相关知识，又能辅以程序代码解决问题，同时还能迅速入门的图书并不多见，因此笔者策划了本系列图书，以期实现体系内容较全、配合程序操练及上手简单方便等特点。

本书以传统的机器学习为主线，按照如下内容进行组织：第 1 章介绍机器学习的基本概念；第 2 章介绍掌握机器学习时必须要了解的一些关于数据分析的基础知识；第 3 章～第 6 章分别介绍机器学习解决四类问题的算法，即回归问题、分类问题、聚类问题以及降维问题，第 3 章在讨论什么是回归问题的基础上介绍了一元线性回归与多元线性回归，在第 4 章中，首先对分类问题进行了界定，并介绍了利用 $k$ 近邻算法与决策树两种不同的分类算法，第 5 章介绍了聚类问题以及两种不同方式的聚类算法——K均值聚类与系统聚类等内容，第 6 章介绍了降维问题、主成分分析以及奇异值分解等内容；第 7 章对神经网络的相关知识展开系统介绍。本书的附录部分回顾了 Python 的基础知识，介绍了关于导数与代数等数学基础知识，同时还介绍了 Python 室验室 Jupyter Lab 的使用。

本书的出版要感谢提供热情指导与帮助的院士、教授、中小学教师等专家学者，也要感谢与笔者一起并肩参与写作的其他作者。在本书的出版过程中，未来基因（北京）人工智能研究院、腾讯教育、阿里云、科大讯飞等机构提供了大力支持，在此一并表示感谢。

由于水平有限，书中内容不可避免地存在疏漏与不足，欢迎广大读者批评指正并提出宝贵的意见。

龚超

2022年9月于清华大学

# 目录

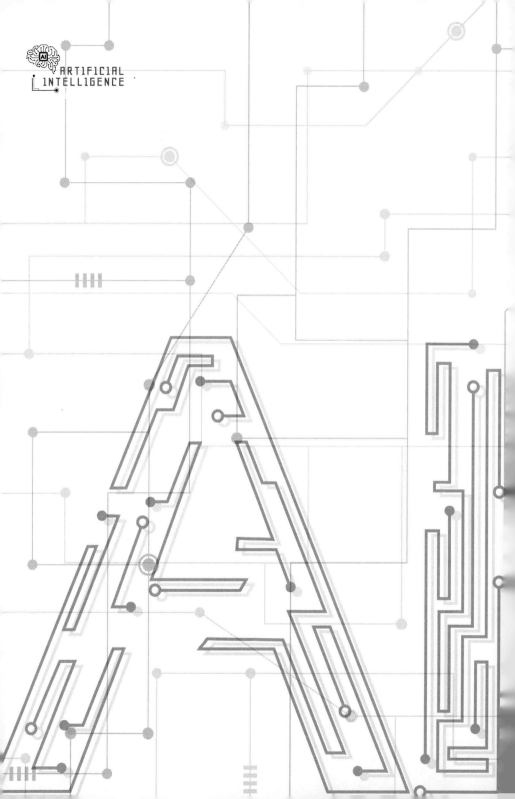

ARTIFICIAL
INTELLIGENCE

第 **1** 章

# 机器"学习"

# 1.1　数据科学、人工智能与机器学习

## 1.1.1　数据科学与机器学习

　　一些读者可能经常听到"数据科学"（Data Science）一词。那什么是数据科学呢？数据科学涉及统计学、数据分析以及机器学习，是利用数据学习知识的学科，旨在从数据中提取出有价值的内容。数据科学与机器学习的关系如图 1-1 所示。

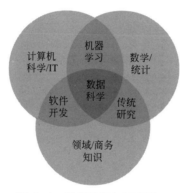

图 1-1　数据科学与机器学习

　　早在 1960 年，彼得·诺尔（Peter Naur）就首次提出要用数据科学代替计算机科学（Computer Science）。1997 年，吴建福提出了非计算机科学的"数据科学"一词，并认为将统计数据变更为数据科学。2001 年，威廉·克利夫兰（William S. Cleveland）建议将数据科学设立为新的学科。

　　数据科学不像计算机科学那样将关注点放在代码编写上，而是将重心放在解决问题的思路上，对综合能力的要求更高，需要通过数学、编程、人工智能、行业理解去解决问题。

　　图 1-2 给出了技能和自我认同的最重要因素。从图中我们

可以看出，在不同的领域如果要进行数学分析，一些必备的技能都不可或缺。但是研究的领域不同，这些技能所占的比例也不尽相同。

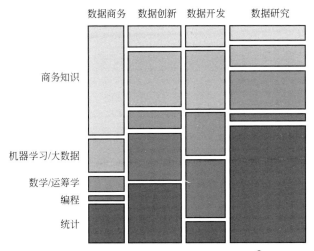

图 1-2　技能和自我认同的最重要因素 ❶

此轮的人工智能能够再次崛起，很大程度上得益于大数据的发展，因此也将数据、算法和算力称为人工智能的三驾马车。根据国际数据公司（IDC）的预测显示，全球数据规模增长态势十分迅猛，未来无论是政府还是企业，都将拥有海量的数据，如图 1-3 所示。然而根据目前的状况来看，绝大部分数据由于种种原因仍然"封存"于数据库中无法发挥其价值。

数据曾一度被誉为数字经济时代的"新石油"。中国提出土地、劳动力、资本、技术、数据五个要素领域改革的方向，数据成为新型要素之一。

全球数字经济占 GDP 比重不断提高，世界主要国家均在着力

❶ 图片来源：Harlan D. Harris, Sean Patrick Murphy & Marck Vaisman.Analyzing the Analyzers：An Introspective Survey of Data Scientists and Their Work.

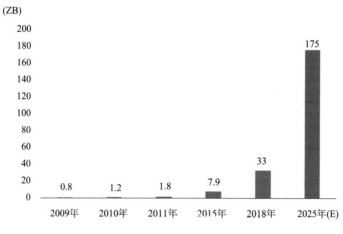

图 1-3　全球数据规模增长态势

发展数字经济，数字经济相关人才未来必将炙手可热。中国政府十分重视数字经济的发展，近十几年中国的数字经济发展十分迅猛，如图 1-4 所示。

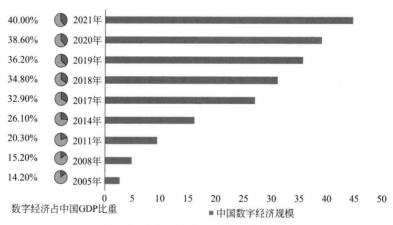

图 1-4　中国数字经济总体规模（亿元）及占 GDP 比重

（根据历年网络公布数据整理）

2021 年，《中华人民共和国国民经济和社会发展第十四个五年规划和 2035 年远景目标纲要》用单列篇章的形式提出"加快数字化发展、建设数字中国"的任务。党的十九届五中全会提出："发展数字经济，推进数字产业化和产业数字化，推动数字经济和实体经济深度融合，打造具有国际竞争力的数字产业集群。"因此，未来中国数字科学人才将大有可为。

掌握像数据科学这样的数据掘金技术，不但对未来数字经济的发展至关重要，同时也能为我们的工作、学习和生活赋能。然而，要想驾驭数据科学，理解机器学习的核心原理与操作实践是十分必要的，它是数据科学中不可逾越的一门学科，掌握机器学习将使你受益匪浅。

## 1.1.2 人工智能≠机器学习≠深度学习

什么是人工智能？大家也许不信，其实这个问题真的很难回答，直到现在学术界仍然众说纷纭，对人工智能没有一个公认的定义。在《世界知识大辞典》中，人工智能是利用电子计算机模拟人类智力活动并研究智能的一门学问。在《人工智能：一种现代方法》一书中，人工智能以四种维度划分作为定义：

- 像人一样思考
- 像人一样行动
- 理性思考
- 理性行动

除了定义以外，关于人工智能争论较多的还有一点，人工智能到底是不是计算机科学下的一个分支。如果说在人工智能诞生之初属于计算机科学无可厚非，那么在经历了几十个春秋之后，人工智能早已成为一门融合脑科学、神经科学、生物学、认知学、数学、物理学、电子工程学等多学科交叉的学科。

说到"交叉"，不得不提及中国已经将"交叉学科"设置成了一门继哲学、经济学、法学、教育学、文学、历史学、理学、工学、农学、医学、军事学、管理学、艺术学等 13 个学科之后的第14 个学科门类，由此可见对学科交叉融合的重视。

人工智能天生就具有与其他学科交叉的属性，笔者认为人工智能的交叉具体体现在行业、学科甚至是人工智能内部的学派之间。

在行业方面，人工智能可以说是已经渗入到各行各业中，现在已经很难发现还有哪个行业没有人工智能的身影。比如在能源行业，人工智能可以对勘探、生产以及运营等多方面进行优化，还可以对能源价格、碳排放等做出预测；在金融领域，人工智能可以预测信用风险，可以进行智能投顾，可以防范欺诈风险等等；在医疗领域，人工智能可以协助专家问诊，可以协助分析医学影像等等；在智能制造领域，人工智能可以优化流程，提升管理质量，代替危险的人工作业，预测并防止设备故障等等。

在学科层面，人工智能更是大有用武之地。近几年来，人工智能赋能多类学科取得了很多的研究进展。以国际顶级刊物《Nature》为例，不但人工智能赋能学科的文章众多，一些文章更是作为封面文章出现。

比如 2021 年的一期《Nature》封面文章，就是以"人工智能 + 数学"为主题。该文章认为人工智能不仅能参与数学研究，甚至还可以帮助人类提出数学猜想。2022 年 2 月，"人工智能 + 游戏"的文章作为《Nature》封面文章发表，斯坦福大学克里斯蒂安·格德斯（Christian Gerdes）教授认为这代表着人工智能的一项里程碑式的成就。

2022 年 3 月，探索利用机器学习来帮助历史学家考古的人工智能赋能学科文章继续问鼎《Nature》封面。除此之外，像人工智能赋能生物、人工智能赋能物理等学科的文章也在《Nature》上发表，相信未来还会涌现出更多的人工智能赋能各学科的研究出现。

人工智能的交叉，还体现在其内部学派的融合。人工智能从诞生的那天起，就已经分裂成不同的学派，符号主义、连接主义和行为主义是人工智能的三大主流学派。

符号主义学派将数字化的逻辑推理与人类大脑的思考逻辑推理联系到了一起。该学派的学者们认为，逻辑符号可以将语言转化为数学表达，那么这个用语言描述的世界同样也可以用符号表示，故此命名为符号主义学派。

连接主义从大脑的生理结构出发，认为智能源于大脑的神经元之间的连接，所以通过对神经元连接的模仿就可以模拟大脑工作获得智能。符号主义与连接主义学派属于对智能"从上而下"的研究，而行为主义学派则属于"从下至上"的研究。

行为主义学派不再以关注心智和人脑作为出发点，而是从模拟"感知→动作"入手，最终复制出人类的智能。

这三派在人工智能历史上此起彼伏，甚至有时还相互拆台，像足了武侠小说中问鼎正宗的门派之争。笔者曾用一首打油诗形容这种尴尬的情形：争吵不断互黑，此起彼伏占位；无法合力共推，寒冬一至俱废。

如果三派能够强强联手，相互取长补短，交叉形成合力，必将展现巨大的实力。轰动世界的 AlphaGo 就是三派合力的结果。AlphaGo 中的蒙特卡洛树搜索、深度学习和强化学习分别来自符号主义、连接主义和行为主义学派。近几年，人工智能内部不同学派的交叉也在如火如荼地进行中，取得了丰硕的成果。

1955 年 9 月，克劳德·香农（Claude E. Shannon）、马文·明斯基（Marvin L. Minsky）、纳撒尼尔·罗彻斯特（Nathaniel Rochester）和约翰·麦卡锡（John McCarthy）四位学者向洛克菲勒基金会提交了一份名为"关于举办达特茅斯人工智能夏季研讨会的提议"的报告，希望能够得到资助。在这份报告中，"人工智能"一词首次出现。1956年夏季，达特茅斯学院迎来了一批讨论人工智能研究的学者，一些开山立派的成果也在此次会议中展示。此后至今，人工智能经历了三起两落的螺旋式上升，先后经历了搜索和推理时代、知识表示时代以及机器学习时代，每个时代均涌现出经典的研究成果，推动着人工智能的发展。

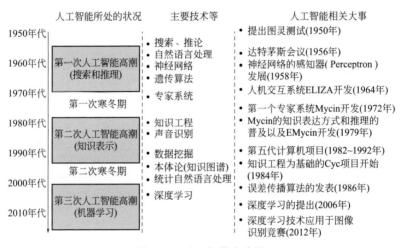

图1-5　人工智能大事记

资料来源：日本总务省"ICT的进化对雇佣和工作方式的影响的调查研究"（2016年）

从图1-5可以看到，目前人工智能的发展正处在第三次高潮期——机器学习时期，因此我们很容易得知，人工智能的成果不仅仅只是机器学习。由于机器学习已经发展了很长一段时期，加上目前很多学习的资料也主要是介绍机器学习和深度学习的内容，使得有很大一部分人直接将人工智能与机器学习画上了等号，甚至还有一部分人直接认为深度学习就是人工智能的全部，这是不对的。深度学习是机器学习的一个子集，而机器学习又是人工智能的一个子集，如图1-6所示。正如朱松纯教授所说，深度学习属于机器学习这个学科中的一个当红的流派，而现在很多人把深

图 1-6　人工智能、机器学习和深度学习

度学习等同于人工智能，就相当于把一个地级市说成一个国家，肯定不合适。

人工智能发展历史上，一家独大仿佛是有其"传统"的。历史上，当符号主义盛行时，连接主义的发展则受到了一定的"排挤"。目前正是连接主义之深度学习流行之际，因此很多人仅仅关注深度学习，认为深度学习就是人工智能的未来，其实这是一种认识上的误区。正如朱松纯教授所说，人工智能领域的分化与历史的断代，客观上造成了目前学界和产业界思路和观点相当"混乱"的局面。因此人工智能不能只了解深度学习，传统的机器学习方法甚至与其他的人工智能研究同样重要。

张钹院士在《迈向第三代人工智能》一文中指出，第一代知识驱动的人工智能，利用知识、算法和算力3个要素构造人工智能；第二代数据驱动的人工智能，利用数据、算法与算力3个要素构造人工智能；第三代结合知识驱动和数据驱动，通过同时利用知识、数据、算法和算力4个要素，构造更强大的人工智能。

由此可见，人工智能需要结合各学派的优势，取长补短，交叉前行。笔者将一些人工智能的基本知识做了如图1-7所示的分类❶。从图1-7可以看出，机器学习属于人工智能研究的一个分支，

---

❶ 在这个分类中，如"人工智能＋行业""人工智能＋学科"等仅代表部分，并不包含全部。

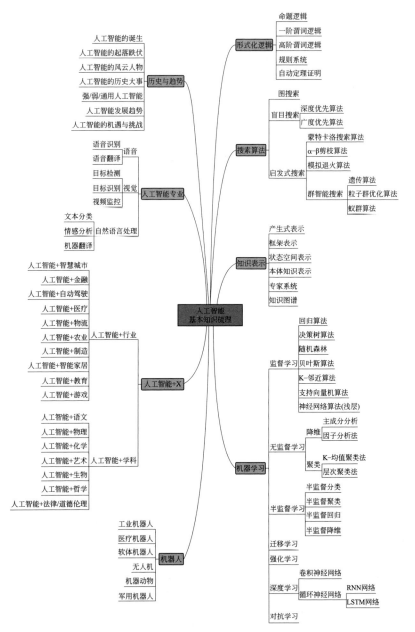

图 1-7　人工智能基本知识梳理

　数据科学：机器学习如何数据掘金

深度学习又是机器学习的一个研究分支。笔者在讲授人工智能通识系列课程时，机器学习只是十二讲中的一讲。人工智能通识的知识对于现在的人们来说，其实是一种素养，因为未来无论从事何种工作，又或者在校的文理科学生，掌握人工智能的思想、原理及知识，能对工作、学习和生活有很多的帮助。同时，那些非机器学习的知识对机器学习、深度学习也能起到积极的促进作用。

# 1.2　机器学习概述

## 1.2.1　机器学习是什么

机器学习在人工智能领域中是一个非常热门的领域。什么是机器学习呢？很遗憾的是，"机器学习"跟"人工智能"一样，至今仍然没有一个公认的定义。"机器学习"一词是由阿瑟·塞缪尔（Arthur Samuel）在 1959 年提出来的[1]。汤姆·米切尔（Tom M. Mitchell）对机器学习领域研究的算法给出了一个被广泛引用的、更为正式的定义[2]：

"机器学习，就是一种从经验中学习关于某类任务和该任务的执行性能衡量参数，并且性能衡量参数会随着经验的增加而提高的计算机程序"。

短短的一句话，道出了机器学习的核心概念。经验、程序和性能。什么是经验？就是过去的知识、信息和数据等等。什么是程序？就是关于算法的种类及实现。什么是性能？就是算法处理经验的能力。并且，随着经验的增加，性能也会同步增长。

---

[1] Samuel, Arthur (1959). "Some Studies in Machine Learning Using the Game of Checkers". IBM Journal of Research and Development. 3 (3): 210–229.

[2] Mitchell, T. (1997). Machine Learning. McGraw Hill.

艾伦·图灵曾提到，不要再问机器是否能够思考，而应该思考的是机器能做我们能做的事情。这是早期关于机器学习思想的起源。如今，机器学习早已是人工智能领域的核心领域之一，它是一种关于如何让计算机具有像人一样的学习能力，从海量的大数据中找到有用信息并做出预测或决策的一门学科。

机器学习的提出其实早于"人工智能"一词。机器学习是一个非常综合的内容，以统计学为主，结合了数学、优化等多门学科的内容，通过建模来进行机器学习的过程。机器学习与之前程序编码最大的区别之一就是可以在没有明确编程指令执行任务的情况下做出预测或决策。

我们从能够看到的几十种定义里面，提取了"数据""算法""经验""交叉"和"模型"等关键词作为关键信息，如图1-8所示。有兴趣的读者可以试着把这5个关键词组织成一句话，打造出一个自己关于机器学习的定义。

图 1-8　机器学习关键词

机器学习的内涵，就是用正确的特征来构建适合的模型，以完成既定的任务。因此，机器学习的三要素就是任务、特征和模型。

任务就是我们需要解决什么样的问题。比如我们通常会去预测一些宏观经济变量，预测一些股票的价格，又或是通过人工智能帮助我们识别图片、翻译语言等等，这些就是任务。在任务环节，我们需要看清事物的本质，找到解决问题的核心。

特征，简单来说就是描述事物的一种测度指标。通常，特征的选取对模型的质量至关重要。比如，当提到鸢尾花的数据时，它的4个特征，即花瓣长、花瓣宽、花萼长、花萼宽等，直接可以用来辨识花的种类。

模型是解决问题的关键。一般情况下，会有不同类型的模型解决同样的任务，因此打造不同的具有针对性的模型至关重要。不同的模型背后的原理也不相同。

当谈论到"学习"的时候，大家可能最容易联想到学生在学校里学习知识。学生通过老师的授课后，掌握了一定的知识与技能，再通过做练习以及模拟考试检验自己对所学到的知识与技能的理解与掌握情况，最终参加真正的测试。如果有哪位学生考试没有及格，可能还需要面对再学习、再复习、再模拟考试直至通过考试的流程。

那机器学习是怎么样的呢？其实，机器学习的过程与人学习的过程非常相似，如图1-9所示。机器学习首先需要数据，正如巧妇难为无米之炊，机器也难为无数据之习。数据更像是对过去经验的总结，机器学习正是从数据中寻找规律。

当有了数据后，还需要对数据进行清理。这项工作非常重要。优质的数据是学习成功的重要保障之一。数据清洗等环节完成后，接下来就是"训练"模型，这个环节有点像不断做练习的过程。待训练完成后可以去验证集进行验证，这个环节有点像学生们参加模拟考试。通过模拟考试可以进行适当调整。最后进入到测试集环节，这个环节就是检验模型推广的能力，类似学生们真实考试

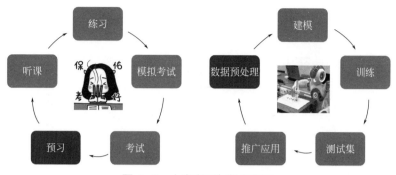

图 1-9　人类学习与机器学习

的成绩。如果最终的结果不及格，还需要重新建模学习，就像不及格的学生参加补考一样。总之，人类学习和机器学习在流程上是有很多相似之处的。

机器学习按照不同的学习方式，可以分为监督学习（Supervised Learning）、无监督学习（Unsupervised Learning）、半监督学习（Semi-Supervised Learning）、强化学习（Reinforcement Learning）与迁移学习（Transfer Learning）等方式，如图 1-10 所示。

先看看什么是监督学习。监督学习，日语称为"有老师学习"，笔者认为其实翻译为"有答案学习"更为贴切。有答案学习能带来什么样的方便呢？答案能够告诉学生这道题做对了还是做错了，但是并不会告诉学生为什么。这种情况在机器学习中很常见，就是数据是由一对对输入数据和输出数据（也称标签数据）构成的，这里的输出数据就是事先给定的"正确答案"。通过给定的问题与答案，机器学习不断地学习训练，从而得到最佳的学习效果。

无监督学习类似于没有标准答案，没有老师"监督指导"。试想，学生一遍遍做完题目后，也不知道对错，但是通过做遍海量的题库，可以起到题做万遍其理自现的结果，学生们也许能够发

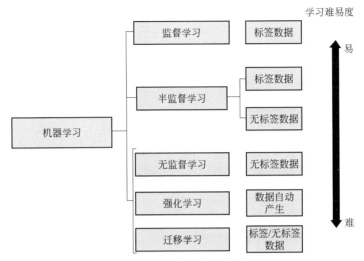

图 1-10　机器学习类型

现解题的一些规律。这种根据没有事先标注好标签数据而学习海量数据寻找内部规律的方式，就是无监督学习。

无监督学习到底有何好处呢？我们试想一下标签数据带来的问题。Image Net 项目是一个大型的可视化数据库，设计用于可视化对象识别软件的研究。根据 Image Net 官网首页显示，截至 2019 年 3 月，已经有超过 1400 多万的图像被项目手工注释，以指示所描绘的对象，并且在至少 100 万幅图像中还提供了边界框。这些标签数据仅仅还只是数据的冰山一角、九牛一毛，可以想象标注数据集要花费多少时间、人力和物力。

由于无监督学习中的数据不需要人进行事先标注，相比于有标签的数据，无标签的数据获取成本更低。因此，无监督学习算法更倾向于将目光放在数据间的共性上，提炼这些共性，并在有新的数据样本输入时参考这些共性做进一步的分析。深度学习三巨头杨立昆（Yann LeCun）、约书亚·本吉奥（Joshua Bengio）和杰弗里·辛顿（Jeffrey Hinton）曾在《Nature》中发表文章如下评论无监督学习[1]：

"无监督学习在重新激发人们对深度学习的兴趣方面起到了催化作用，但此后被纯粹的监督学习的成功所掩盖。尽管我们在本评论中并未重点关注它，但我们希望从长远来看，无监督学习将变得更加重要。人类和动物的学习在很大程度上是无监督的：我们通过观察来发现世界的结构，而不是通过被告知每个物体的名称。"

杨立昆在 2016 年的学术会议 NIPS（Neural Information Processing System）上介绍了他现在著名的"蛋糕比喻"：

"如果智能是个蛋糕，那么蛋糕的大部分是无监督学习，蛋糕上的糖衣是监督学习，蛋糕上的樱桃是强化学习。"

从上述他的发言可以看出其对无监督学习的认可。

思考一个问题，如果你获得了一个样本数据集，其中有一小部分被标注好了，但是还有大量数据没有标注。仅仅利用这小部分数据进行监督学习，可能出现训练样本不足的情况。如果此时将其他数据一一标注后再进行分析，耗时耗资耗力。

那么有没有一种可以折中的办法呢？有。这就是半监督学习（Semi-Supervised Learning），它是机器学习的一种方法，介于无监督学习和监督学习之间。半监督学习将训练过程中少量的标签数据和大量的无标签数据结合起来，即便没有与外部进行交互，也可以利用无标签的样本进行学习。

贝赫扎德·沙赫沙哈尼（Behzad M.Shahshahani）和大卫·兰德格里伯（David A. Landgrebe）在 1994 年研究了如何使用无标签的样本来解决训练样本量较小的问题，提出了一种半参数的方法

[1] LeCun, Y., Bengio, Y., & Hinton, G. (2015). Deep learning. nature, 521(7553), 436-444.

（Semiparametric Method），用于将标签和无标签的样本同时合并到参数估计过程中，这被认为是半监督学习的开始[1]。

标签数据是昂贵的，可以使用模型将非标签数据转换为标签数据，并将所有数据组合在一起以重新定义一个更好的模型，如图 1-11 所示。半监督学习的目的是利用标签数据建立的模型来扩充训练数据，因此在半监督学习中需要的标签数据就会远远少于监督训练时所需要的数据。

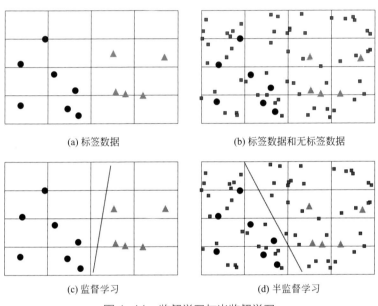

(a) 标签数据　　　　　　　　(b) 标签数据和无标签数据

(c) 监督学习　　　　　　　　(d) 半监督学习

图 1-11　监督学习与半监督学习

人类的认知也和半监督学习非常类似。例如，一个小孩看到了狗，并从父母那里得到了这是一只狗的反馈标签，经历几次不同种类狗的"监督学习"后，这位小孩还会看到各种各样的狗，此

---

[1] Shahshahani, B. M., & Landgrebe, D. A. (1994). The effect of unlabeled samples in reducing the small sample size problem and mitigating the Hughes phenomenon. IEEE Transactions on Geoscience and remote sensing, 32(5), 1087-1095.

时不再有人告诉他，他也能够认出。当然，也可能会有一些罕见的品种判断错误，但那是极少数情况，这就是一种典型的半监督学习。未来随着数据量的急剧增加，势必给标注的工作带来极大的挑战，那么如何利用半监督学习通过少量已标注的数据完成学习，是一个非常重要的课题。

什么是强化学习呢？强化学习不是说每做一步就告诉答案，强化学习更像是做了一系列动作以后给出一个估值，告诉你大概打了多少分。它强调的是智能体（Agent）如何与环境互动，以取得最大化的预期利益。我们之前提到的行为主义，包括机器人等领域，则更多涉及强化学习的内容。

迁移学习（Transfer Learning）也是机器学习中的一个研究方向，其核心是在解决一个问题时获得了相关的知识，并将这些知识应用于类似的问题。一些资料在介绍机器学习时，通常并未提及迁移学习。其实早在 1976 年，斯特沃·博济诺夫斯基（Stevo Bozinovski）和安特·富尔戈西（Ante Fulgosi）就发表论文，明确阐述了神经网络训练中的迁移学习❶，并给出了迁移学习的数学模型和几何模型。近几十年，迁移学习在很多领域都有相应的研究成果，比如医学成像、建筑、游戏、自然语言处理、图像识别、垃圾邮件、认知科学以及脑科学等等。吴恩达多次表示，迁移学习将是继监督学习之后机器学习商业成功的下一个驱动力。

## 1.2.2　机器学习学什么

那机器学习到底学习什么呢？以监督学习为例，就是通过大量的"数据与标签数据对"找到一个最佳的映射函数关系。通过构

---

❶ Stevo. Bozinovski and Ante Fulgosi (1976). "The influence of pattern similarity and transfer learning upon the training of a base perceptron B2." (original in Croatian) Proceedings of Symposium Informatica 3-121-5, Bled.

建一个函数能够进行输入与输出之间的匹配，例如输入图像，输出物体识别的结果；输入的是状态，输出的行动；输入的是对手决策，输出的己方决策；输入的是中文文本，输出的是日语文本，如图 1-12 所示。

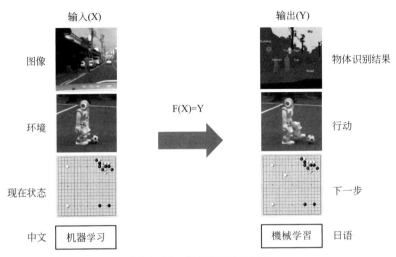

图 1-12　监督学习找映射

在无监督学习中，由于没有标签数据，此时学习的是数据内部的结构规律，以期找出数据中的一些共性，如图 1-13 所示。

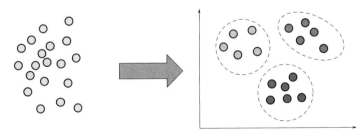

图 1-13　无监督学习探规律

机器学习的本质是优化问题，如果按照输出变量的类型（离散型与连续型数据）和学习的类型（监督学习与无监督学习）进行划分，则可以分为 4 类问题：分类问题、回归问题、聚类问题、降维问题，如图 1-14 所示。

图 1-14　机器学习问题划分

本书的内容聚焦在监督学习与无监督学习上，至于半监督学习、强化学习与迁移学习，感兴趣的读者可以参阅其他书籍。

一个机器学习的大致流程如图 1-15 所示。

数据清洗　探索建模　经验判断　数据建模　训练验证　得出结论　迭代升级

图 1-15　机器学习流程图

数据清洗非常关键，比如处理数字中的异常值、缺失值等，最终为建模提供一份高质量的"干净"数据。很多人认为机器学习的工作十分高大上，殊不知大部分时间其实都要花在"枯燥"的数据环节，因此，无论是做研究还是真实的商业领域，都要能够耐得住性子，认真对待数据。

数据环节完成后，就是探索建模的过程。这个环节更像是一种探险，条条大道通罗马，解决同类问题的模型也有多种，因此需要不断地尝试不同的模型，根据结果、自身对问题的理解以及对建模的经验等，进行最终的数据建模。即便确定了使用某种模型对数据进行分析，其中也存在很多主观经验判断的环节，比如超参数（Hyper-parameters）的设置等。

在机器学习中，一般需要将数据分成独立的三部分，即训练集（Train Set）、验证集（Validation Set）和测试集（Test Set）。其中训练集用来训练模型，得到模型的部分参数；验证集被用来评估模型性能，以便调整模型；测试集则检验最终模型的一些泛化能力，即推广使用后的效果。三部分数据通常是从数据集中随机抽取。

本书内容只涉及训练集和测试集两类，暂且不考虑验证集。其实，绝大部分机器学习的书籍也只考虑了训练集与测试集这样的情形。

# 1.3　数据素养

## 1.3.1　何为数据素养

在人工智能模拟智能的方式中，有以符号主义为核心的逻辑推理，以问题求解为核心的探寻搜索，以数据驱动为核心的机器学习，以行为主义为核心的强化学习和以决策智能为核心的博弈对抗。

机器学习离不开数据，数据素养应该是每一位从事机器学习的相关人员所必备的。进一步说，身处数字经济时代，数据素养应该是每一位公民所拥有的基本素养。在 2022 年新出台的《义务教育信息科技课程标准（2022 年版）》中，针对小学 3~4 年级的学生就提出了如下要求：

"引导学生组织并呈现收集的数据，运用数据图形展示数据之间的关系并支撑自己的观点，使用数据展示因果关系、预测结果或表达想法……让学生以小组的形式展开活动，体验发现问题、收集数据、组织数据、形成结论（或预测结果），以及汇报展示（或报告撰写）的全过程，同时锻炼学生的协作能力。"

一些学者认为，数据素养是指阅读、理解、创建数据，以及将数据作为信息进行通信的能力。与文字的读写能力一样，数据读写能力也是一个通用概念，它关注的是与数据打交道所涉及的能力。然而，它与阅读文本的能力不同，因为它需要包括阅读和理解数据在内的某些技能。也有学者认为，数据素养包括理解数据的含义、恰当地阅读图表、从数据中得出正确的结论，以及识别那些以误导或不恰当方式使用数据的行为。

除了数据素养以外，也有一些学者提出了数据信息素养的概念。他们认为，数据信息素养建立在数据、统计、信息和科学数据素养的基础上，并将其重新整合为一套新兴技能。其中，统计素养被认为与数据素养最为贴近。统计素养被定义为阅读和解释日常媒体中统计摘要的能力。

还有一些学者在数据、统计和信息素养方面找到了共同点，指出：具有信息素养的学生必须能够批判性地思考概念、主张和论点，并可以阅读、解释和评估信息；具有统计素养的学生必须能够批判性地思考基本的描述性统计，即利用分析、解释和评估后的数据作为证据；具有数据素养的学生必须能够访问、操作、总结和呈现数据。通过这种方式，一些学者创造了一个批判性思维技能的层次：数据素养是统计素养的必要条件，而统计素养反过来又是信息素养的必要条件。

一些研究结果在讨论数据素养的定义时，主要从以下几个维度展开讨论：

- 意识：是否能够对数据进行有效的关注；
- 思维：一种利用数据思考问题的方式；
- 技能：如何整理、分析、使用数据并将数据进行可视化；
- 洞察：如何从数据中找寻决策的依据；
- 伦理：遵守数据的伦理，能够批判性地看待数据；

- 综合：具备上述维度的两项或多项。

一些学者认为，数据素养至今在国内仍然没有一个公认的准确定义，国外对数据素养的定义也是众说纷纭。笔者认为，数据素养应该是一个综合、全面的范畴，它不但包括从真实世界的数据构建开始直至决策并重新迭代的全链条，还应该包括与数据相关的法律、道德伦理，以及合理利用数据的规则等其他重要因素。

因此，数据素养既与信息素养和统计素养有着紧密的联系，但是又与它们在很大程度上不同。结合前人研究的结果，笔者尝试给出对数据素养的定义：数据素养是指具备一定的数据思维、数据意识与数据知识，能够敏锐地从场景中构建并获取数据、处理并分析数据，最终将结果辩证性地作为信息支持决策的一种能力素养。

## 1.3.2 数据素养的维度划分

根据数据素养的定义，将其分为表 1-1 所示的几个维度。

表 1-1 数据素养维度

| 数据素养维度 | 内容 |
| --- | --- |
| 数据意识 | 数据表达意识 |
| | 数据敏锐意识 |
| | 数据安全意识 |
| | 数据法律与伦理道德意识 |
| | 数据开源共享意识 |
| 数据思维 | 数据场景构建思维 |
| | 数据指标创新思维 |
| | 数据量化测度思维 |
| 数据知识技能 | 数据的理论知识 |
| | 数据的处理能力 |
| 数据评估与决策 | 利用数据进行评估 |
| | 利用数据进行决策 |

数据意识层面：数据表达意识是指能够主动地利用数据描述问题，表达自己的见解；数据敏锐意识是指对外部环境中涉及的数据的一种洞察以及响应速度；数据安全意识是指能有效地保护自己的数据隐私；数据法律与伦理道德意识是指自己能够在符合法律以及道德伦理的情况下获取并使用数据；数据开源共享意识是指能够在合法合规情况下，与他人分享自己的数据成果，共建良好数据生态。

数据思维层面：数据场景构建思维是指能够将场景转化成以某种数据形式进行描述的思维；数据指标创新思维是指能够在之前原有指标基础上进行创新，构造出更加合理、支持决策指标的思维；数据量化测度思维是指能够充分挖掘事物背后的关键信息，以一种定量的方式呈现问题的特征，并能够对这种特征进行测度。

数据知识技能层面：数据的理论知识是指如统计学、概率、微积分以及线性代数以等相关的知识；而数据的处理能力则是指那些获取、处理、分析并可视化呈现数据时所涉及的应用工具的掌握，如 Python 或 C++ 程序等。

数据评估与决策层面：利用数据进行评估是指能够对处理的数据进行多维有效的评估，能够对数据的获取、处理等各个环节进行复盘，评价分析结果；利用数据进行决策是指能够通过数据做出科学推断以及合理的解释，使得决策更加优化、合理。

第 **2** 章

# 数据基础

# 2.1　先利其器

工欲善其事，必先利其器。本书以 Jupyter Notebook 平台为"器"进行学习。Jupyter Notebook 是以网页形式进行交互的应用工具。另外，本书中还涉及 NumPy 库（科学计算）、Pandas 库（数据分析）、Matplotlib 库（数据可视化）以及 Scikit-learn 库（机器学习），笔者称这些库为机器学习必备的"四库全输"，也就是在进行机器学习时，最好提前输入经常被调用的几个外部库。

尽管调用这些外部库均需要单独安装及配置，但是如果使用 Python 的开放数据科学平台 Anaconda，不但上述 4 个外部库已全部装好，还附带很多其他常用库，真可谓是做到了一站式服务。

进入 Anaconda 的官方网页，根据操作系统选择并下载相应的安装程序，如图 2-1 所示。

图 2-1　选择 Anaconda 安装程序

安装完毕后，点击启动 Anaconda-Navigator，会看到如图 2-2所示的登录界面，选择"Jupyter Notebook"。在出现的界面中选择"新建"下的"Python 3"，如图 2-3 所示。

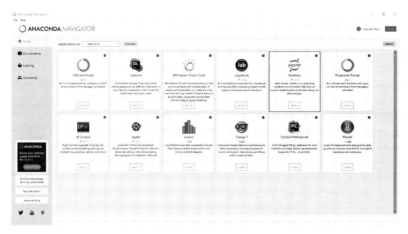

图2-2　Jupyter Notebook 登录界面

图2-3　新建操作文件

进入到 Jupyter Notebook 的操作界面中，如图2-4所示，第一行框选的三块内容分别是"保存文件""运行（操作）"以及"代码"等内容。第二行长框内容为输入。可以在图2-4下方的长框中输入相应的程序内容，并点击长框上方"运行"执行程序操作。

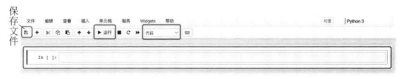

图2-4　Jupyter Notebook 的单元格

在图2-4中的"代码"框中通过下拉菜单的方式选择"Markdown"，可以实现文本及公式的书写。"代码"与"Markdown"齐头并进，相得益彰。Markdown 相关语句可以进一步参考其他资料。输入如下文字及公式代码，点击图 2-4 中的"运行"后，输出结果如图 2-5 所示。

```
# 人工智能
## 机器学习
### 统计学基础
#### 求平均值
$\bar{x}=\frac{1}{n}\sum_{i=1}^{n} x_i$，其中 $x_i=i$，
$n=100$。
```

# 人工智能

## 机器学习

### 统计学基础

#### 求平均值

$$\bar{x} = \frac{1}{n} \sum_{i=1}^{n} x_i, \text{ 其中} x_i = i, \ n = 100。$$

图 2-5　Markdown 语句

回到"代码"单元格，输入以下内容，就可以对图 2-5 中的问题进行代码求解。

```python
sum = 0
n = range(1,101)
for i in n:
    sum += i
print(sum/len(n))
```

结果显示：

```
50.5
```

## 2.2　科学计算

NumPy 是 Python 语言的一个外部库。支持高阶大量的维度数组与矩阵运算，同时也提供大量的数学函数库。

思考：Python 中的 list 类型数据是否能够像向量那样相加减？

比如：[1,2,3]+[4,5,6] = ?

答案是：[1, 2, 3, 4, 5, 6]。

为什么结果会这样呢？原因是 list 类型数据相加相当于进行拼接操作。那么，如果需要 [1,2,3] 和 [4,5,6] 中对应的元素相加减，应该如何解决呢？也就是，如果需要进行向量运算，那么就需要导入 NumPy 库。

```
import numpy as np
```

其中"np"是 NumPy 的缩写，读者也可以根据自己需要进行改写，但是由于"np"已经使用得非常广泛，建议还是沿用"np"。

本节的内容，如果没有特别说明，默认已经调用了 NumPy 库，即 import numpy as np 已经前置导入。此外，为了统一用词，本章的内容中将"一维数组"统称为"向量"，将"二维数组"统称为"矩阵"。

### 2.2.1　向量与矩阵生成

要生成向量，需要使用 array( ) 函数进行定义。以下的内容定义了一个一维向量。

```
x = np.array([1,2,3,4,5,6])
x
```

结果显示：

```
array([1, 2, 3, 4, 5, 6])
```

如果需要查看目前的状态，可以使用 type( ) 函数。

```
type(x)
```

结果显示：

```
numpy.ndarray
```

回到前文中 "[1,2,3]+[4,5,6]" 的问题，我们可以看到，现在给出的结果不再是列表的拼接，而是进行了向量的加法。

```
np.array([1,2,3])+np.array([4,5,6])
```

结果显示：

```
array([5, 7, 9])
```

列表类型的数据可以直接转换为向量。

```
x1 = [1,2,3]
x2 = np.array(x1)
x2
```

结果显示：

```
array([1, 2, 3])
```

通过以下的内容，可以生成一个多维的矩阵。

```
x3 = np.array([[1,2,3],[4,5,6]])
x3
```

结果显示：

```
array([[1, 2, 3],
       [4, 5, 6]])
```

对于生成的矩阵，可以通过 "矩阵名 .shape" 的方式获取其形状，也可以将矩阵的行与列的具体数字提取出来。

```
print(x3.shape)
m, n = x3.shape
print(m)
print(n)
```

结果显示：

```
(2, 3)
2
3
```

通过等差数列的方式生成向量，可以利用 arange(start, stop, step) 函数。该函数有三个参数，其中，start 表示起始位置，stop 表示终止位置，step 则表示步长。值得注意的是，在最终生成的结果中不包含终止位置的数字。

```
x1 = np.arange(1,5,0.5)
x2 = np.arange(1,10,1)
print(x1)
print(x2)
```

结果显示：

```
[1.  1.5 2.  2.5 3.  3.5 4.  4.5]
[1 2 3 4 5 6 7 8 9]
```

另一种生成的向量的方式是利用 linspace( ) 函数，在指定的范围内，返回固定间隔的数据，默认包括起点与终点。

```
np.linspace(1,10,20)
```

结果显示：

```
array([ 1.        , 1.47368421, 1.94736842, 2.42105263,
        2.89473684,
```

```
       3.36842105,    3.84210526,    4.31578947,    4.78947368,
       5.26315789,
       5.73684211,    6.21052632,    6.68421053,    7.15789474,
       7.63157895,
       8.10526316,    8.57894737,    9.05263158,    9.52631579,
       10.            ])
```

可以利用 zeros( ) 函数与 ones( ) 函数生成所有元素分别为 0 和 1 的均值。

```
np.zeros((5,3))
```

结果显示:

```
array([[0., 0., 0.],
       [0., 0., 0.],
       [0., 0., 0.],
       [0., 0., 0.],
       [0., 0., 0.]])
```

```
np.ones((5,3))
```

结果显示:

```
array([[1., 1., 1.],
       [1., 1., 1.],
       [1., 1., 1.],
       [1., 1., 1.],
       [1., 1., 1.]])
```

随机数的生成对于机器学习来说非常重要,关于随机数生成的内容非常多,这里仅介绍最常用的几种随机数生成方式。

利用 random.rand( ) 函数可以返回随机至为 [0,1 )的均匀分布。在 ( )中输入具体数值后可以返回相应个数的结果。

```
np.random.rand(3)
```

结果显示：

```
array([0.09784976, 0.44560343, 0.66996039])
```

随机生成的数字几乎不会与上次生成的相同，有时候为了复现结果，我们往往需要再次生成的随机数与之前生成的随机数保持一致，因此可以利用设置随机数种子的形式，让生成的随机数与之前的保持一致。此时可以调用随机数种子 random.seed() 后，括号内的数字可以自己设置。

```
np.random.seed(1)
np.random.rand(4)
```

结果显示：

```
array([4.17022005e-01, 7.20324493e-01, 1.14374817e-04])
```

如果想从某个具体的范围抽取一个随机数字，即从一个均匀分布 [a,b] 中进行随机抽样，可以使用 random.uniform(a,b)。这种方式能够生成一个数字，如果需要生成矩阵的形式，可以采用指定行列的方式。下面数字 2 和 5 代表随机生成范围在 [2,5) 之间的数字，括号中的 (4,3) 分别代表生成 4 行 3 列的矩阵。

```
np.random.uniform(2,5,(4,3))
```

结果显示：

```
array([[2.2950405 , 3.26332288, 4.87366859],
       [3.59949585, 4.07563134, 2.94654689],
       [4.05950278, 4.50387702, 2.05486483],
       [4.25043294, 4.96658327, 4.24449696]])
```

random.randint(a, b, size) 函数可以生成指定大小的随机整数，a<b 且范围区间为 [a,b)，size 为矩阵维度。

```
np.random.randint(3,10,(2,3))
```

结果显示：

```
array([[6, 8, 3],
       [3, 4, 7]])
```

经常遇到一种情形，就是从指定的事物中进行抽样，这对于机器学习抽取训练集等十分重要。抽样分为有放回抽样和无放回抽样两种情况。比如，一个布袋中有 100 个标有从 1 到 100 编号的球。如果我们每抽取一个球并记录其数字编号，总共重复 10 次，在有放回抽样中，很有可能会再次出现之前编号的球，而在无放回抽样中，就不会再出现之前编号的球。

有放回抽样与无放回抽样可以利用 choice(x, size, replace=True, p=None) 函数，其中，x 表示待抽样内容，size 表示抽样的个数，replace 表示有 / 无放回抽样，True 代表有放回抽样，False 代表无放回抽样，p 表示为每个元素被抽取的概率，如果不指定，则 x 中所有元素被抽取到的概率是相等的。

```
x = np.arange(1,101,1)
x_rp = np.random.choice(x, size=10, replace=True)
x_nrp = np.random.choice(x, size=10, replace=False)
print(x_rp)
print(x_nrp)
```

结果显示：

```
[13 26  2 42 56 56 65 16 93 41]
[41  7 30 17 85 35 74 60 87  3]
```

如果想改变矩阵的形状，可以使用"矩阵名称 .reshape(n,m)"的方式进行形状改变。

```
x = np.arange(1,13,1)
x.reshape(3,4)
```

结果显示：

```
array([[ 1,  2,  3,  4],
       [ 5,  6,  7,  8],
       [ 9, 10, 11, 12]])
```

矩阵形状的变换还有一种十分便利的方式，在形状变换符合规则的情况下，比如 12 个元素的一维向量，可以转换为 3 行 4 列的矩阵，需要输入 reshape(3,-1) 将矩阵转化成 3 行，列则自动改变。然而输入 reshape(5,-1) 则会返回错误结果。同理，reshape(-1,3) 则将具有 12 个元素的一维向量转换成 3 列但行自动生成的矩阵。

```
x = np.arange(1,13,1)
x.reshape(3,4)
```

结果显示：

```
array([[ 1,  2,  3,  4],
       [ 5,  6,  7,  8],
       [ 9, 10, 11, 12]])
```

```
x.reshape(4,-1)
```

结果显示：

```
array([[ 1,  2,  3],
       [ 4,  5,  6],
       [ 7,  8,  9],
       [10, 11, 12]])
```

## 2.2.2　向量与矩阵运算

利用切片可以从向量中提取数据。

```
x = [1,2,3,4,5]
x[1]     # 提取出向量中的第 2 个元素
```

结果显示:

```
2
```

矩阵中的元素提取可以采取如下的方式。

```
x1 = np.arange(1,13,1)
x2 = x1.reshape(3,4)
print(x2[1,3])     #表示第 2 行第 4 列的元素
print(x2[1,1:3]) #通过使用 ":", 可以获取多个元素。
print(x2[:,2])     #通过使用 ":", 可以获取多个元素。
```

结果显示:

```
8
[6 7]
[ 3  7 11]
```

利用索引, 可以替换矩阵中指定的元素。

```
x2[1,3] = 20   # 替换矩阵中指定的元素
print(x2)
```

结果显示:

```
[[ 1  2  3  4]
 [ 5  6  7 20]
 [ 9 10 11 12]]
```

```
x2[x2>10]=10   # 满足条件大于 10 的元素被替换为 10
print(x2)
```

结果显示:

```
[[ 1  2  3  4]
 [ 5  6  7 10]
 [ 9 10 10 10]]
```

通过将矩阵中的元素与某值进行对比，会返回一个元素值为 True 或 False 的 bool 类型的数值。

```
x2 > 5
```

```
[[False False False False]
 [False  True   True   True]
 [ True   True   True   True]]
```

如果想将列表中各元素加上某个数值，直接操作时会出现报错。出现报错的原因是 list 类型和 list 类型才能联系在一起，但是其与 int 类型不行。

```
x = [1,2,3,4,5]
print(x+1)
```

结果显示：

```
TypeError: can only concatenate list (not "int") to
list
```

针对上面的问题，只要将列表转换为向量就可以进行计算。对某向量加上一个数值，相当于该向量中的每一个元素都加上了该数值。

```
x = [1,2,3,4,5]
x1 = np.array(x)
print(x1+1)
```

结果显示：

```
[2 3 4 5 6]
```

一个标量（数值）与向量相乘，相当于矩阵中所有的元素与该标量相乘。

```
x2 = 2 * x1
print(x2)
```

结果显示：

```
[ 2  4  6  8 10]
```

两个向量相加，相当于向量中的各元素相加。

```
x3 = x1 + x2
print(x3)
```

```
[ 3  6  9 12 15]
```

生成从 1 到 12（含 12）且步长为 1 的数值并将其"拉"为一个 3 行 4 列的矩阵。

```
m = np.arange(1,13,1).reshape(3,4)
print(m)
```

```
[[ 1  2  3  4]
 [ 5  6  7  8]
 [ 9 10 11 12]]
```

通过 np.sum( ) 函数可以实现矩阵所有元素按行或列的求和。

```
print(np.sum(m))  # 所有元素求和
print(np.sum(m, axis = 1))  # 按行求和
print(np.sum(m, axis = 0)) # 按列求和
```

结果显示：

```
78
[10 26 42]
[15 18 21 24]
```

如果矩阵 m 直接与数值 1 相加，相当于矩阵 m 中每一个元素加上 1。

```
m1 = m + 1
print(m1)
```

结果显示：

```
[[ 2  3  4  5]
 [ 6  7  8  9]
 [10 11 12 13]]
```

一个标量与矩阵相乘，相当于矩阵中所有的元素与该标量相乘。

```
m2 = 2 * m
print(m2)
```

结果显示：

```
[[ 2  4  6  8]
 [10 12 14 16]
 [18 20 22 24]]
```

值得注意的是，m1 * m2 并不是代表矩阵 m1 与矩阵 m2 的乘法。而是这两个矩阵对应元素的相乘，因此这种情况下需要两个矩阵具有相同的行数与列数。

```
print(m1 * m2)    #对应位置的元素乘以元素
```

结果显示：

```
[[  4  12  24  40]
 [ 60  84 112 144]
 [180 220 264 312]]
```

矩阵 m1 与矩阵 m2 的行数也决定了它们无法执行矩阵乘法。根据矩阵乘法规则，两个矩阵相乘时前面矩阵的列数必须要与后面矩阵的行数相等。

这里我们可以将矩阵 m1 进行转置，即将 m1 的每一行变成每一列。从而 m1 矩阵的维度由 3 行 4 列变成 4 行 3 列。其中"矩阵名 .T"代表对该矩阵进行转置操作。

```
print(m1.T.dot(m2))      # m1 的转置乘以 m2
```

结果显示：

```
[[244 280 316 352]
 [274 316 358 400]
 [304 352 400 448]
 [334 388 442 496]]
```

# 2.3  数据分析

## 2.3.1  Series 与 DataFrame

Pandas 数据从某种意义上来说可以视为增强版的 NumPy 结构化数据，行列都不再只是简单的整数索引，还能附带标签。Pandas 中的 Series 和 DataFrame 等数据结构为数据处理提供了很多方便之处。

Pandas 有很多优势：处理数据快，而且更加灵活，内置了很多可以现成利用的函数，如统计函数等。

在 NumPy 中，数组通过隐式定义的整数索引获取数。但是 Pandas 数据则用一种显式定义的索引与数值进行关联，即带有标签的数组。

调用 Pandas 库时，最好是将 NumPy 库一并调用。本节以下的内容中，如无特殊说明，均认为已经默认输入以下代码：

```
import numpy as np
import pandas as pd
```

通过利用 pd.Series(data, index=index) 的方法，可以创建 Series 数据。其中，index 是一个可选参数，data 参数支持多种数据类型。

```
x = [0.25, 0.5, 0.75, 1.0]
data = pd.Series(x)
data
```

结果显示：

```
0    0.25
1    0.50
2    0.75
3    1.00
dtype: float64
```

index 属性给出的是一个类型为 pd.Index 的类数组。

```
data.index
```

结果显示：

```
RangeIndex(start=0, stop=4, step=1)
```

在创建 Series 时，可以指定索引内容。

```
data = pd.Series([2, 4, 6, 8], index=[101, 202, 303, 404])
data
```

结果显示：

```
101    2
202    4
303    6
404    8
dtype: int64
```

如果想查看数据的类型，可以使用 type( ) 函数。

```
type(data)
```

结果显示：

```
pandas.core.series.Series
```

提取元素时，一定要注意该元素的索引。

```
# 获取 Series 的第 2 个元素，注意此时的索引。
data[202]
```

结果显示：

```
4
```

除了数字，字符也能作为 Series 的索引。

```
data    = pd.Series([1, 2, 3, 4], index=['a', 'b', 'c',
'd'])
data
```

结果显示：

```
a    1
b    2
c    3
d    4
dtype: int64
```

如将 Series 数据比为带灵活索引的向量，DataFrame 数据可以看作是一种既有灵活的行索引，又有灵活列名的矩阵。DataFrame 也可以看成是有序排列的若干 Series 数据。

如下的操作可以创建 DataFrame 数据。

```
df1 = pd.DataFrame(np.ones((2,2)),columns = [' 科目 A','
科目 B'],index = [' 学生 1',' 学生 2'])
```

```
df1
```

结果显示:

|  | 科目A | 科目B |
| --- | --- | --- |
| 学生1 | 1.0 | 1.0 |
| 学生2 | 1.0 | 1.0 |

```
df2 = pd.DataFrame(np.zeros((2,2)),columns = ['科目A','科目B'],index = ['学生3','学生4'])
df2
```

结果显示:

|  | 科目A | 科目B |
| --- | --- | --- |
| 学生3 | 0.0 | 0.0 |
| 学生4 | 0.0 | 0.0 |

使用 pd.concat( ) 函数可以将上面的数据进行纵向上的拼接。

```
df3 = pd.concat([df1,df2])
df3
```

结果显示:

|  | 科目A | 科目B |
| --- | --- | --- |
| 学生1 | 1.0 | 1.0 |
| 学生2 | 1.0 | 1.0 |
| 学生3 | 0.0 | 0.0 |
| 学生4 | 0.0 | 0.0 |

通过 type( ) 函数可以查看对象的类型。

```
type(df3)
```

```
pandas.core.frame.DataFrame
```

## 2.3.2　文件的导入与处理

在 Padas 库中使用 pd.read_csv(" 文件名 ") 导入 csv 类型的数据。

```
# 导入 csv 数据
data = pd.read_csv('iris.csv')
data
```

结果显示：

|  | sepal_length | sepal_width | petal_length | petal_width | species |
|---|---|---|---|---|---|
| 0 | 5.1 | 3.5 | 1.4 | 0.2 | setosa |
| 1 | 4.9 | 3.0 | 1.4 | 0.2 | setosa |
| 2 | 4.7 | 3.2 | 1.3 | 0.2 | setosa |
| 3 | 4.6 | 3.1 | 1.5 | 0.2 | setosa |
| 4 | 5.0 | 3.6 | 1.4 | 0.2 | setosa |
| ... | ... | ... | ... | ... | ... |
| 145 | 6.7 | 3.0 | 5.2 | 2.3 | virginica |
| 146 | 6.3 | 2.5 | 5.0 | 1.9 | virginica |
| 147 | 6.5 | 3.0 | 5.2 | 2.0 | virginica |
| 148 | 6.2 | 3.4 | 5.4 | 2.3 | virginica |
| 149 | 5.9 | 3.0 | 5.1 | 1.8 | virginica |

150 rows × 5 columns

从上面的结果来看，"iris.csv"数据中包含 150 行 5 列数据，其中行的索引为 0 至 149，列的索引（此处为特征名称）分别为花萼长（sepal_length）、花萼宽（sepal_width）、花瓣长（petal_length）、花瓣宽（petal_width）和种类（species）。

某些情况下，也可以指定数据显示的行数。

```
data.head(2)    # 只显示前两行
```

结果显示：

|  | sepal_length | sepal_width | petal_length | petal_width | species |
|---|---|---|---|---|---|
| 0 | 5.1 | 3.5 | 1.4 | 0.2 | setosa |
| 1 | 4.9 | 3.0 | 1.4 | 0.2 | setosa |

通过 type( ) 函数，可以查看数据的类型。

```
type(data)
```

```
pandas.core.frame.DataFrame
```

在 iris.csv 文件中，最后一列的数据为"setosa""versicolor"和"virginica"。需要将它们转为标签数值才能进一步进行数据分析。赋予"setosa"为 0，" versicolor"为 1，"virginica"为 2。

```
data.loc[data['species'] == "setosa", "species"] = 0
data.loc[data['species'] == "versicolor", "species"] = 1
data.loc[data['species'] == "virginica", "species"] = 2
data
```

结果显示：

| | sepal_length | sepal_width | petal_length | petal_width | species |
|---|---|---|---|---|---|
| 0 | 5.1 | 3.5 | 1.4 | 0.2 | 0 |
| 1 | 4.9 | 3.0 | 1.4 | 0.2 | 0 |
| 2 | 4.7 | 3.2 | 1.3 | 0.2 | 0 |
| 3 | 4.6 | 3.1 | 1.5 | 0.2 | 0 |
| 4 | 5.0 | 3.6 | 1.4 | 0.2 | 0 |
| ... | ... | ... | ... | ... | ... |
| 145 | 6.7 | 3.0 | 5.2 | 2.3 | 2 |
| 146 | 6.3 | 2.5 | 5.0 | 1.9 | 2 |
| 147 | 6.5 | 3.0 | 5.2 | 2.0 | 2 |
| 148 | 6.2 | 3.4 | 5.4 | 2.3 | 2 |
| 149 | 5.9 | 3.0 | 5.1 | 1.8 | 2 |

150 rows × 5 columns

通过"iloc[row_index:column_index]"，可以利用索引提取数据，比如我们要获取上文 data 数据中的 150 行（所有样本）以及前 4 列（所有特征），可以通过以下代码实现：

```
iris_X = data.iloc[:,[0,1,2,3]]    # 提取所有行与第 1 至 4 列
print(type(iris_X))
```

结果显示：

```
<class 'pandas.core.frame.DataFrame'>
```

通过使用"文件名 .info( )"的格式，可以查看数据的相关信息。

```
iris_X.info()    #用 info() 方法看结果
```

结果中包含数据的索引范围，数据的列与名称以及非空值等信息。

```
<class 'pandas.core.frame.DataFrame'>
RangeIndex: 150 entries, 0 to 149
Data columns (total 4 columns):
 #   Column        Non-Null Count  Dtype
---  ------        --------------  -----
 0   sepal_length  150 non-null    float64
 1   sepal_width   150 non-null    float64
 2   petal_length  150 non-null    float64
 3   petal_width   150 non-null    float64
dtypes: float64(4)
memory usage: 4.8 KB
```

也可以利用"文件名 .describe( )"查看非标签数据的描述统计量，对数据有一个初步的了解。

```
iris_X.describe()
```

从结果可以看到针对每一列特征，均给出了计数（count）、均值（mean）、标准差（std）、最大（max）/ 小（min）值以及分位数等统计量。

|       | sepal_length | sepal_width | petal_length | petal_width |
|-------|------------|-----------|------------|-----------|
| count | 150.000000 | 150.000000 | 150.000000 | 150.000000 |
| mean  | 5.843333 | 3.057333 | 3.758000 | 1.199333 |
| std   | 0.828066 | 0.435866 | 1.765298 | 0.762238 |
| min   | 4.300000 | 2.000000 | 1.000000 | 0.100000 |
| 25%   | 5.100000 | 2.800000 | 1.600000 | 0.300000 |
| 50%   | 5.800000 | 3.000000 | 4.350000 | 1.300000 |
| 75%   | 6.400000 | 3.300000 | 5.100000 | 1.800000 |
| max   | 7.900000 | 4.400000 | 6.900000 | 2.500000 |

有时需要将 pandas.core.frame.DataFrame 格式数据转换为 numpy.ndarray 格式数据，否则会导致计算无法进行，尤其是当导入 csv 等格式的文件进行数据分析时，往往需要对数据的格式进行转换。下面针对标签数据进行格式转换。

```
iris_X_data = iris_X.values
print(type(iris_X_data))

<class 'numpy.ndarray'>
```

# 2.4 数据可视

## 2.4.1 基本图形

字不如表，表不如图，通常人脑对视觉信息的处理比文本以及表格信息要快得多。数据可视化中简单的图形也能让不少复杂的信息清晰展现，因此，数据可视化对理解数据非常重要。

Matplotlib 是 Python 语言的一个绘图库，可以很方便地实现数据可视化，更好地呈现数据。

下面的代码是使用 Matplotlib 库绘图时常用的一些库与参数。有一点需要特别说明，由于绘图时图例等显示中文的问题，对于不同的操作系统设置有所不同，有时会出现乱码，因此本书中的图例均使用英文表示以适应不同操作系统。对于想在图中标注中文的读者来说，可以根据自己所使用的操作系统查找其他相关资料。

```
import numpy as np
# 导入 matplotlib 库中的 pyplot 并起名为 plt
import matplotlib.pyplot as plt
# 在 jupyter notebook 中显示图形
```

```
%matplotlib inline
# 默认设置下 matplotlib 图片清晰度不够，可以将图设置成矢量格
式
%config InlineBackend.figure_format = 'svg'
```

绘制折线图时，使用 linspace( ) 函数分别生成 100 个 x 轴与 y 轴的值，这里 y 的数值的个数一定要与 x 轴的个数相匹配。然后利用 pyplot 库中的 plot( ) 函数绘制图形，最后使用 plt.show( ) 显示图形。代码如下，结果如图 2-6 所示。

```
#  生成数据
x = np.linspace(-10,10,100)
y = np.linspace(0,100,100)
#  绘制与显示图形
plt.plot(x,y)
plt.show()
```

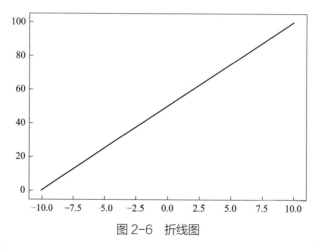

图 2-6　折线图

绘制散点图时，需要使用 plt.scatter( ) 函数。有时，尽管散点图的 x 轴和 y 轴长度一样，但是显示却是一个非正方形，可以利用 plt.axis('square') 函数将图生成正方形，并且 x 轴和 y 轴范

围相同，即两个轴上的最大值减最小值是相等的。代码如下，结果如图 2-7 所示。

```
import numpy as np
import matplotlib.pyplot as plt
from numpy.random import rand
# 生成数据
a = rand(100)
b = rand(100)
plt.scatter(a,b)
# 添加坐标标题
plt.xlabel('x')
plt.ylabel('y')
#  添加图像标题
plt.title('Scatter Plot')
plt.show()
```

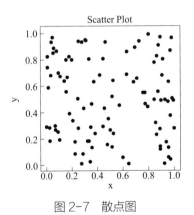

图 2-7　散点图

绘制饼状图时，需要用到 plt.pie( ) 函数。在实际画图的过程中，需要考虑不同部分的数值、颜色以及标签等很多内容。以下的内容中包含颜色的代码，暂时被标成注释。结果如图 2-8 所示。

```
x = [20, 40, 10, 25, 25]   # 数值，自动计算比例
```

```
labels = ['Aritifical Intelligence', 'Machine Learning',
'Computer Vision',
          'Nature Language Process', 'Programming
Fundamentals']
# colors = ['r', 'g', 'b', 'c', 'm']  # 设置颜色
plt.pie(x, colors = colors, labels = labels)
plt.title('Class Hour')
plt.show()
```

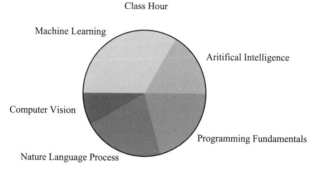

图 2-8　饼状图

生成柱状图的方法与饼状图有一些类似，代码如下，结果如图 2-9 所示。

```
# 定义横纵坐标的值
y = np.array([10, 30, 17, 25, 15])
x = np.array(['AI', 'ML', 'CV', 'NPL', 'PF'])
# 绘图
plt.bar(x,y,width=0.5)
# 设置标题
plt.title("Course Arrangement")
# 设置 x 轴和 y 轴的名称
plt.xlabel("Course Title")
plt.ylabel("Class Hours")
plt.show()
```

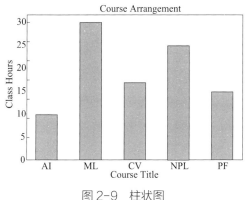

图 2-9　柱状图

　　直方图是数据分布的近似表示。这个术语最早是由卡尔·皮尔逊（Karl Pearson）提出的。画直方图第一步是将值的整个范围划分为一系列的区间，然后将数据"分配"到每个区间中。这些区间必须相邻，通常情况下区间大小也是相同的。

　　首先随机生成均值为 0、标准差为 1 的正态分布 100000 个数据点，然后利用 plt.hist( ) 函数绘制这些数据的直方图。代码如下，结果如图 2-10 所示。

```
hist_n = np.random.normal(0,1,100000)
plt.hist(hist_n, 100)
plt.show()
```

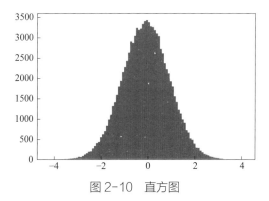

图 2-10　直方图

## 2.4.2 画图点睛

之前已经提及画图在数据分析中的重要性。现在考虑一种新的情况，假如几幅图放在一起进行对比，可能会比观察单幅图更容易得到更多信息。如果几幅图同时在一个区域内展示，构成一幅大图，那么其中的每幅图称为子图。下面的代码给出了多子图的生成方法。四幅子图构成的图如图 2-11 所示。

```
import numpy as np
x = np.linspace(0, 10, 1000)
y = 2*x
y2 = list(np.array(x)**2)
y3 = list(np.array(x)**0.5)
y4 = list(np.array(x)**3)
# 把绘图区域分成 2 行 2 列，最后一个数值表示所在的位置
a1 = plt.subplot(2,2,1)
plt.title("(a)")
a1.plot(x,y)
a2 = plt.subplot(2,2,2)
plt.title("(b)")
a2.plot(x,y2)
a3 = plt.subplot(2,2,3)
plt.title("(c)")
a3.plot(x,y3)
a4 = plt.subplot(2,2,4)
plt.title("(d)")
a4.plot(x,y4)
# 调整子图间的间距
plt.tight_layout()
plt.show()
```

如果想同时绘制多个图形，只需要多次调用 plot( ) 函数即可。如下面代码所示，先生成 x 轴的数值，然后利用函数的关系

数据科学：机器学习如何数据掘金

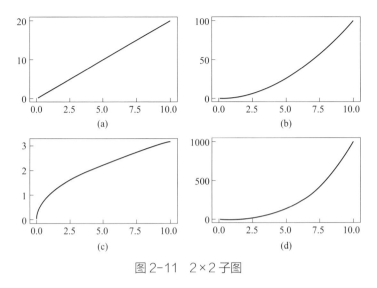

图 2-11 2×2 子图

生成 y 轴后绘图。在此基础上，随机生成与 x 轴等数值个数的随机数作为 y 轴的数值后继续绘图。值得注意的是，这里用到了 random.seed( ) 函数，使得随机数生成的结果可以再次重现，结果如图 2-12 所示。

```
# 生成数据
x = np.linspace(-10,10,100)
y1 = x**2
np.random.seed(1)
y2 = np.random.uniform(40,80,100)
# 绘制与显示图形
plt.plot(x,y1)
plt.plot(x,y2)
plt.show()
```

为了能更好地查看图中信息，我们还可以给图中添加网格线。使用 plt.grid( ) 函数并在括号内添加 "True" 时，就可以在图中添加网格。画图时可以根据需要设置线型，如实线用 '-' 表示，虚线用 '--' 表示。示例代码如下，结果如图 2-13 所示。

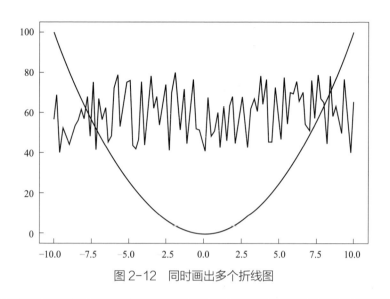

图 2-12　同时画出多个折线图

```python
import numpy as np
plt.plot(x,np.sin(x),'-',label = 'Sinx')
# 如果要在同一幅图形中绘制多根线条，只需要多次调用 plot 函数
即可
plt.plot(x,np.cos(x),'--',label = 'Cosx')

# 添加坐标标题
plt.xlabel('x')
plt.ylabel('y')

# 添加图像标题
plt.title('Sine and Cosine')

# 添加图例
plt.legend(loc = 'upper left')

# 添加网格
plt.grid(True)
plt.show()
```

考虑到正弦函数与余弦函数的相似性，为了便于区分，在代码中添加了显示图例，除了在画图时使用 plt.plot( ) 时添加 label='Cosx' 语句，还需要利用 plt.legend( ) 函数，其中 loc = 'upper left' 表示图例的位置在左上角，upper right、lower left、lower right 分别代表右上角、左下角和右下角。

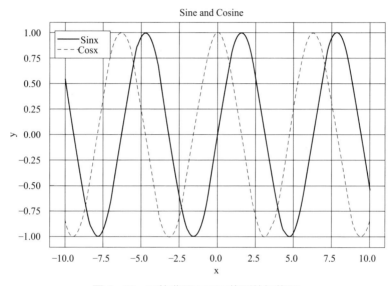

图 2-13　网格背景下不同线型的折线图

有时，我们希望能够控制坐标轴的显示范围，以便查看图中指定地方的信息，可以用 plt.xlim( ) 函数进行坐标轴的控制。仍以图 2-13 为例，比如我们想取横坐标从 −2.5 到 2.5 的范围，纵坐标想取 −1.5 到 1.5 的范围，如下面的代码所示，结果如图 2-14 所示。

```
plt.plot(x,np.sin(x),'-')
plt.plot(x,np.cos(x),'--')
plt.xlim(-2.5, 2.5)
plt.ylim(-1.5, 1.5)
plt.show()
```

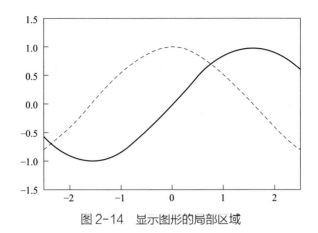

图 2-14　显示图形的局部区域

　**数据科学：机器学习如何数据掘金**

第 **3** 章

# 回归问题

# 3.1 什么是回归问题

## 3.1.1 回归分析概述

回归是不少机器学习相关书籍中介绍的第一个算法，这里我们随波逐流，也先从介绍回归开始。回归分析（Regression Analysis）是用一个或者多个自变量去估计另一个因变量的模型。

因变量（Dependent Variable），通常被称为"结果"或"响应"变量，也就是机器学习中的"标签"。自变量（Independent Variable）通常被称为"预测变量""解释变量"，在机器学习中被称为"特征"。

19世纪，查尔斯·罗伯特·达尔文（Charles Robert Darwin）的表弟弗朗西斯·高尔顿（Francis Galton）创造了"回归"一词，用来描述一种父辈与子辈的身高现象，即个高的祖先其后代的身高倾向于回归到正常的平均值，这种现象也被称为均值回归（Regression toward the Mean）。

对高尔顿来说，回归只有这个生物学意义，但他的工作后来被乌德尼·尤（Udny Yule）和卡尔·皮尔森（Karl Pearson）扩展到更一般的统计分析中。

按照变量间的关系是否属于线性关系划分，回归分析可以分为线性回归与非线性回归，线性回归方程如下所示：

$$y = w_0 + w_1 x_1 + w_2 x_2 + \cdots + w_p x_p + \varepsilon$$

其中，称 $w_0, \cdots w_p$ 为未知参数，即回归系数，方程是否是线性方程是针对这些回归系数而言的。$\varepsilon$ 是随机误差项，它决定了回归方程是一个随机方程。

针对一元回归问题时，我们可以考虑先将数据进行可视化。

数据科学：机器学习如何数据掘金

如图 3-1 所示，左边与右边图形中的样本点以散点图的形式出现后，我们需要决策是利用线性回归还是非线性回归进行分析。

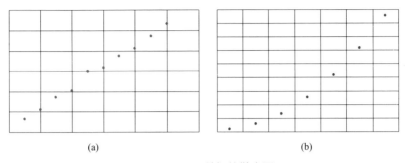

(a)                              (b)

图 3-1　不同数据的散点图

在图 3-1 中画出一条直线，如图 3-2 所示，左侧的图更适合利用线性回归，而右侧的图则不太适合应用线性回归分析。

然而，像图 3-2（a）的这条直线，我们其实可以画出无数条，那么哪一条才是最好的呢？因为如果最好的直线确定后，就可以利用它对销售量进行预测了，商家特别想知道这条直线的参数。如何利用已知数据寻找最佳直线就是一元线性回归要解决的问题。

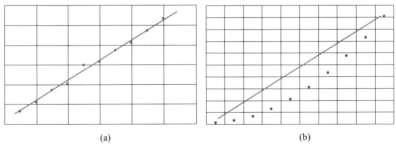

(a)                              (b)

图 3-2　可视化助力建模

当然，因变量肯定不是仅与一个自变量相关，如果可以找出其他的因素一起影响因变量，则我们可以利用多元回归模型进行回归分析。

回归分析几乎可以在任何领域中找到应用，比如经济、金融、天气预测、农业、工业、医疗、生物、物理、化学、人文历史、商业、社会等等。

## 3.1.2　最小二乘法

最早的回归形式是最小二乘法（Least Squares Method）。最小二乘法起源于天文学和大地测量学领域，当时科学家和数学家试图为探索时代在地球海洋中航行的挑战提供解决方案。

最小二乘法中有一个卡尔·弗里德里希·高斯（Carl Friedrich Gauss）与阿德里安 - 马里·勒让德（Adrien-Marie Legendre）之争，这点稍后再说。

早在十八世纪，最小二乘法就已经初露端倪。罗杰·柯特（Roger Cotes）在 1722 年就提出不同观察结果的组合是对真实值的最佳估计，并且误差会随着观察的增加而减少。

在相同条件下进行的不同观测的组合，而不是简单地尽力观察并准确地记录一次，这种方法也被称为平均值法。这一方法在 1750 年托比亚斯·梅尔（Tobias Mayer）研究月球运行时得到了应用。1788 年，皮埃尔·西蒙·拉普拉斯（Pierre-Simon Laplace）在解释木星和土星运动的差异时使用了这种方法。

1805 年，阿德里安 - 马里·勒让德（Adrien-Marie Legendre）发表了第一篇关于最小二乘法的清晰、简明的阐述。该技术被描述为将线性方程与数据进行拟合的代数程序。勒让德通过分析与拉普拉斯相同的地球形状的数据来证明这种新方法。在勒让德发表文章后的十年内，最小二乘法已被法国、意大利和普鲁士采纳为天文学和大地测量学的标准工具。

1809 年，卡尔·弗里德里希·高斯发表了他对天体轨道的计算方法，并声称自己从 1795 年起就已经掌握了最小二乘法，直接掀起了最小二乘法之争。其实，高斯的贡献在于成功地将最小二乘法与概率原理和正态分布联系起来。

1801 年 1 月 1 日，意大利天文学家朱塞佩·皮亚齐（Giuseppe Piazzi）发现了谷神星（Ceres），并在它消失在耀眼的阳光之前追踪了它的 40 路径数据。预测谷神星将在何处出现成为当时一个举世瞩目的问题。匈牙利天文学家弗朗茨·泽维尔·冯·扎克（Franz Xaver von Zach）成功重新定位谷神星，背后的功劳就要归于高斯，他利用的正是最小二乘法。

1810 年，拉普拉斯阅读了高斯的作品，在证明了中心极限定理后，用它为最小二乘法和正态分布给出了大样本的证明。1822 年，高斯证明回归分析的最小二乘法是最优的，即在误差的均值为零、不相关、等方差的线性模型中，系数的最佳线性无偏估计（Best Linear Unbiased Estimator）是最小二乘法估计。这个结果被称为高斯 - 马尔科夫定理（Gauss–Markov theorem）。

# 3.2　线性回归

## 3.2.1　一元线性回归

在了解完回归与最小二乘的概念后，我们开始一元线性回归的学习。一元线性回归的任务，就是要找到能够拟合现有数据的最佳直线。一元线性回归的方程如下：

$$y = w_1 x + w_0$$

其中，参数 $w_1$ 和 $w_0$ 分别代表系数与截距。

如果要在图 3-2（a）中画一条直线尽可能贴近这些点，应该可以画出无数条这样的直线，因为稍微变动参数，就可以得出一条这样的直线。那么哪一条直线是最佳直线呢？在线性回归分析中，最小二乘规则就是寻找最优直线的一种方法。

如何去找这样的直线呢？让我们将图 3-2（a）局部放大，如图 3-3 所示，假设图 3-2（a）中的直线代表最优的直线，但是我们目前并不知道参数，因此需要利用已有数据进行分析，估计出参数，这是我们的任务。

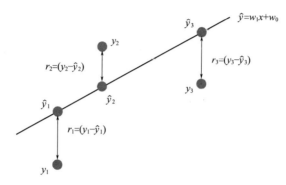

图 3-3　观察值与拟合值

图中 $y_1, y_2, y_3$ 表示实际数据，也称观察值（Observations）的纵坐标数值，在直线上三点的纵坐标数值为 $\hat{y}_1, \hat{y}_2, \hat{y}_3$，称这样的点为拟合值（fitted value），这三点的横坐标分别与 $y_1, y_2, y_3$ 相同。

我们设想最优的线应该是一条被真实数据点"紧密"包围的线，因此这里出现了点到直线距离的问题，直觉告诉我们这些点到直线距离的求和应该是越小越好。"距离"是机器学习中一个非常关键的概念，后面会反复提及。

$r$ 表示残差（Residual），是观察值与拟合值之差，也就是上面点到直线的距离，即 $r_1 = y_1 - \hat{y}_1$，$r_2 = y_2 - \hat{y}_2$，$r_3 = y_3 - \hat{y}_3$。因为残差中有正有负，如果将残差简单地加总，就会出现正负抵消的情况。

为了避免这种正负抵消的情况发生，有不同的方法可以选择，比如考虑残差的绝对值求和，或者用残差的平方进行求和。由于残差的平方求和具有不少优点，因此通常用这种方法寻找最好的参数，选择让残差平方和最小的直线作为最优直线，这种方法就是最小二乘法。

假设图 3-3 中的 3 组数据分别为（1, 1.5），（2, 3）和（4, 2.5），我们可以绘制两条不同的直线，如图 3-4 所示，图 3-4（a）中的直线为 $y=1.167x-0.584$，图 3-4（b）中的直线为 $y=0.5x+1.5$。

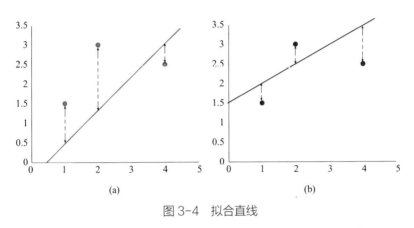

(a)                                        (b)

图 3-4　拟合直线

可以求得两条直线的残差平方和分别为 4.91 与 1.5，根据规则图 3-4（b）中的直线要优于图 3-4（a）中的直线。

一个问题是，这样的直线我们几乎能做出无数条，那么应该如何求出最优的那条呢？根据最小二乘的原则，也就是让下面的这个函数具有最小值。

$$f(w_0, w_1) = [1.5-(w_1+w_0)]^2 + [3-(2w_1+w_0)]^2 + [2.5-(4w_1+w_0)]^2$$

这里涉及微积分中的极值求解与偏导数两个概念，求出上面两个参数的偏导数，并使其为 0，可以得到：

$$\frac{\partial f}{\partial w_1} = 0 = 42w_1 + 14w_0 - 35$$

$$\frac{\partial f}{\partial w_0} = 0 = 7w_1 + 3w_0 - 7$$

通过解上述方程组，可以求得：

$$w_1 = 0.25, \ w_0 = 1.75$$

因此通过最小二乘法求得的最优直线就为：

$$y = 0.25x + 1.75$$

上面的问题当面对大量数据时会让计算变得十分烦琐，而使用代码求解相对简单，在一定的范围内几乎可以不用在乎数据量的大小。

前面已经介绍了"四库全输"中的三大库，这里我们开始介绍第四个机器学习之库——Scikit-learn 库。因为要解决线性回归问题，所以把 LinearRegression 导入进来，并利用 fit 方法进行模型训练。代码如下：

```python
# 导入库
import numpy as np
import matplotlib.pyplot as plt
# 在 jupyter notebook 中显示图形
%matplotlib inline
from sklearn.linear_model import LinearRegression
# 默认设置下 matplotlib 图片清晰度不够，可以将图设置成矢量格式
%config InlineBackend.figure_format = 'svg'

# 输入数据
x = np.array([1,2,4]).reshape(-1, 1)
y = np.array([1.5,3,2.5]).reshape(-1, 1)

# 训练模型
model = LinearRegression()
```

```
model.fit(x, y)

# 线性拟合
x_fit = np.arange(0,5.5, 0.01).reshape(-1, 1)#构造预测
数据
y_fit = model.predict(x_fit)   #利用线性回归对构造数据预测

# 输出结果
print(" 系数为: ",model.coef_ )
print(" 截距为: ",model.intercept_)
print(" 拟 合 线 性 方 程 为: y=%f*x+%f"%(model.coef_,model.
intercept_))

# 画出图像
plt.xlabel("x") # 对横坐标进行标注
plt.ylabel("y") # 对纵坐标进行标注
plt.scatter(x, y, label=' 训练数据 ')        #散点图
plt.plot(x_fit, y_fit,label=' 线性拟合 ')     #线性拟合
plt.legend(loc='upper left')                #图例标题位置
plt.show()
```

结果显示如下：

```
系数为:  [[0.25]]
截距为:  [1.75]
拟合线性方程为: y=0.250000*x+1.750000
```

图 3-5 给出了数据的散点图以及最优的拟合直线。

前面利用 3 个数据介绍了一元线性回归的基本原理，在实际问题中，我们可能面临着更多数据需要分析。通常，这些数据已经保存在 txt 文件或 csv 文件当中。这就需要从外部导入数据进行分析。

下面我们利用斯坦福大学机器学习课程中的一个地产数据集

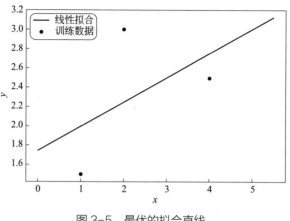

图 3-5　最优的拟合直线

阐述如何从外部导入数据并进行分析。该数据有两列，一列是房子的面积，另一列是房子的价格，通过一元线性回归，建立房子面积和价格之间的关系。

利用 Pandas 导入数据，并查看数据的结构，代码如下：

```
import pandas as pd
# 导入数据时第一行作为数据而非索引
data = pd.read_csv('prices.csv')
print(data.shape)
data.head()
```

结果显示：

```
(47, 2)
```

| | 面积 | 价格 |
|---|---|---|
| 0 | 2104 | 399900 |
| 1 | 1600 | 329900 |
| 2 | 2400 | 369000 |
| 3 | 1416 | 232000 |
| 4 | 3000 | 539900 |

为了拟合数据生成图形，需要知道自变量即面积的数值范围，可以用最大值与最小值进行观察，代码如下。

```
data.min(), data.max()
```

结果显示：

```
(0        852
 1      169900
 dtype: int64,
 0       4478
 1      699900
 dtype: int64)
```

因此，我们可以知道房屋面积的最小值为 852，最大值为 4478。

下面给出一个外部导入 csv 文件进行线性回归分析并画图的完整代码。

```
# 导入库
import numpy as np
import pandas as pd
import matplotlib.pyplot as plt
from sklearn.linear_model import LinearRegression
%config InlineBackend.figure_format = 'svg'
%matplotlib inline

# 输入数据
data = pd.read_csv('prices.csv')
X = data.iloc[:,0]                    # 提取第一列作为特征
x = X.values.reshape(-1, 1)          # 转换数据
Y = data.iloc[:,1]                    # 提取第一列作为特征
```

```
y = Y.values.reshape(-1, 1)        # 转换数据

# 线性回归
model = LinearRegression()
model.fit(x, y)

# 线性拟合
x_fit = np.arange(850,4500, 0.1).reshape(-1, 1)     #根据
实际的特征最大值最小值生成数据点
y_fit = model.predict(x_fit)
plt.xlabel("x")
plt.ylabel("y")

# 输出结果
print(" 系数为: ",model.coef_ )
print(" 截距为: ",model.intercept_)
print(" 拟 合 线 性 方 程 为: y=%f*x+%f"%(model.coef_,model.
intercept_))

# 画出图像
plt.xlabel("x")
plt.ylabel("y")
plt.scatter(x, y, label = ' 训练数据 ')
plt.plot(x_fit, y_fit,label = ' 线性拟合 ')
plt.legend(loc = 'upper left')
plt.show()
```

结果显示如下，生成的图形如图 3-6 所示。

```
系数为:  [[134.52528772]]
截距为:  [71270.49244873]
拟合线性方程为: y=134.525288*x+71270.492449
```

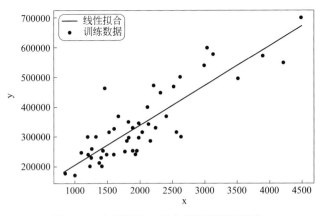

图 3-6　房屋面积 - 价格线性回归可视化

当模型建立好后，就可以输入不同的面积，来预测房价。

```
model.predict([[4000],[6000]])
```

结果给出了在房屋价格为 4000 和 6000 两种情况下的价格。

```
array([[609371.64332969],
       [878422.21877018]])
```

## 3.2.2　多元线性回归

影响房屋价格不仅仅只有面积这一个特征，如果将上述的数据再引入一个新的特征，比如房子的房间数。这样就有了两个自变量对房价这个因变量进行线性回归建模，此时就不再是寻找最优的直线，而是最优的平面，如图 3-7 所示。

这种情况属于二元线性回归。当不断引入新的特征对房价进行线性回归建模，这样的多元回归就没法通过这样可视化的方法进行表示了。

这里我们通过 Scikit-learn 库内置的波士顿房价数据集进行多元线性分析。导入数据后，可以将数据转化为 DataFrame 进行查

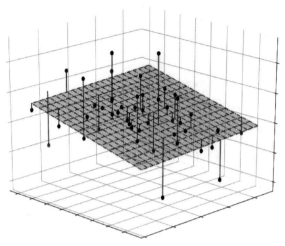

图 3-7　三维空间的拟合平面

看，代码如下：

```
import pandas as pd
from sklearn.datasets import load_boston
boston = load_boston()
X = boston.data
y = boston.target
# 将数据转换为DataFrame
df_X = pd.DataFrame(X, columns=col)
df_y = pd.DataFrame(y, columns=['MEDV'])
df_X
```

结果显示如图 3-8 所示。

从图 3-8 可以看到，在数据集中，共有 506 个房屋样本，数据集包含房屋的 13 个特征：

- CRIM：城镇人均犯罪率。

- ZN：占地面积超过 25000 平方英尺（1 平方英尺 = 0.09290304

| | CRIM | ZN | INDUS | CHAS | NOX | RM | AGE | DIS | RAD | TAX | PTRATIO | B | LSTAT |
|---|---|---|---|---|---|---|---|---|---|---|---|---|---|
| 0 | 6.32e-03 | 18.0 | 2.31 | 0.0 | 0.54 | 6.58 | 65.2 | 4.09 | 1.0 | 296.0 | 15.3 | 396.90 | 4.98 |
| 1 | 2.73e-02 | 0.0 | 7.07 | 0.0 | 0.47 | 6.42 | 78.9 | 4.97 | 2.0 | 242.0 | 17.8 | 396.90 | 9.14 |
| 2 | 2.73e-02 | 0.0 | 7.07 | 0.0 | 0.47 | 7.18 | 61.1 | 4.97 | 2.0 | 242.0 | 17.8 | 392.83 | 4.03 |
| 3 | 3.24e-02 | 0.0 | 2.18 | 0.0 | 0.46 | 7.00 | 45.8 | 6.06 | 3.0 | 222.0 | 18.7 | 394.63 | 2.94 |
| 4 | 6.91e-02 | 0.0 | 2.18 | 0.0 | 0.46 | 7.15 | 54.2 | 6.06 | 3.0 | 222.0 | 18.7 | 396.90 | 5.33 |
| ... | ... | ... | ... | ... | ... | ... | ... | ... | ... | ... | ... | ... | ... |
| 501 | 6.26e-02 | 0.0 | 11.93 | 0.0 | 0.57 | 6.59 | 69.1 | 2.48 | 1.0 | 273.0 | 21.0 | 391.99 | 9.67 |
| 502 | 4.53e-02 | 0.0 | 11.93 | 0.0 | 0.57 | 6.12 | 76.7 | 2.29 | 1.0 | 273.0 | 21.0 | 396.90 | 9.08 |
| 503 | 6.08e-02 | 0.0 | 11.93 | 0.0 | 0.57 | 6.98 | 91.0 | 2.17 | 1.0 | 273.0 | 21.0 | 396.90 | 5.64 |
| 504 | 1.10e-01 | 0.0 | 11.93 | 0.0 | 0.57 | 6.79 | 89.3 | 2.39 | 1.0 | 273.0 | 21.0 | 393.45 | 6.48 |
| 505 | 4.74e-02 | 0.0 | 11.93 | 0.0 | 0.57 | 6.03 | 80.8 | 2.50 | 1.0 | 273.0 | 21.0 | 396.90 | 7.88 |

506 rows × 13 columns

图 3-8　波士顿房价特征数据

平方米）的住宅用地比例。

- INDUS：每个城镇非零售业务的比例。
- CHAS：是否靠近河边，如果是靠近，则为 1；否则为 0。
- NOX：环保指标，一氧化氮浓度。
- RM：每间住宅的平均房间数。
- AGE：1940 年以前建造的自住单位比例。
- DIS：波士顿的五个就业中心加权距离。
- RAD：径向高速公路的可达性指数 。
- TAX：每 10000 美元的全额物业税率。
- PTRATIO：城镇的学生与教师比例。
- B：城镇中黑人比例。
- LSTAT：房东属于低等收入阶层比例。

从这些特征中可以看到影响波士顿房价的因素确实不少，感兴趣的读者可以进一步思考每个特征背后的逻辑。数据集中标签数据是自有住房的中位数报价，单位 1000 美元，标签名称是 MEDV。

下面给出了加载波士顿房价数据并利用多元线性回归分析的代码。在导入库部分，首先我们导入了波士顿数据，它是 Scikit-learn 库中自带的数据，因此使用起来非常方便。

其次导入 StandardScaler 以便对特征数据进行标准化分析。在多元线性回归分析中，因为涉及多种不同量纲的特征，不利于特征之间的相互比较，更有甚者由于量纲不同而导致的数字悬殊会影响模型，因此有必要对数据进行标准化处理。

利用标准化数据求得的参数称为标准化回归系数。一般情况下，利用标准化回归系数可以比较变量的相对重要性，如果使用原始数据，在单位悬殊的情况下通常是无法做到这点的。

导入 train_test_split 后可以很方便地划分训练集与测试集，通过在训练集中训练模型并在测试集中检验模型，可以得知模型的泛化能力优劣。test_size=0.3 表示测试集的占比，即 70% 的数据用来训练，30% 的数据用来测试。

通过均方误差（Mean Squared Error，简称 MSE），即计算所有预测值与真实数据之间误差的平方并取该平方的平均值，可以对模型的优劣进行评估。均方误差越小则模型的预测结果越好。此外，决定系数（Coefficient of Determination）$R^2$ 也可以对模型进行评估，该系数介于 0 至 1 之间，越接近于 1 则说明模型对数据的解释能力越强。

```
# 导入库
from sklearn.datasets import load_boston
from sklearn.preprocessing import StandardScaler
from sklearn.model_selection import train_test_split
from sklearn.linear_model import LinearRegression
from sklearn.metrics import mean_squared_error
from sklearn.metrics import r2_score
```

```
# 加载数据
boston = load_boston()
X = boston.data                    # 加载特征数据
y = boston.target                  # 加载标签数据

# 特征数据标准化
stand = StandardScaler()           # 创建标准化对象
stand_X = stand.fit_transform(X)   # 特征数据标准化处理
X = stand_X# 将特征数据重新指定为 X

# 划分训练集与测试集
X_train, X_test, y_train, y_test = train_test_split(
    X, y, test_size=0.3, random_state=1)

# 线性回归
model = LinearRegression()
model.fit(X_train, y_train)

# 模型评估
y_pred = model.predict(X)
mse = mean_squared_error(y, y_pred)
r2 = r2_score(y, y_pred)

# 输出结果
print(' 模型的系数为 :', model.coef_)
print(' 模型的截距为 :',model.intercept_)
print(' 模型的均方误差为 :%f'%mse)
print(' 模型的决定系数 :%f'%r2)
```

结果显示：

```
模 型 的 系 数 为 : [-0.84677953   1.41623312   0.40553633
0.61902108 -2.48543003   1.96244469
```

```
   0.10052138  -3.18967316   2.67519835  -1.89922198
-2.17462796   0.58828654
  -4.05806653]
模型的截距为：22.589670302295595
模型的均方误差为：22.407276
模型的决定系数：0.734572
```

如果将特征数据标准化这部分内容删除，即在上面代码中删除如下内容，则代表利用原始数据（未标准化）进行建模分析。

```
stand = StandardScaler()
stand_X = stand.fit_transform(X)
X = stand_X
```

### 结果显示：

```
模 型 的 系 数 为 ： [-9.85424717e-02   6.07841138e-02
5.91715401e-02  2.43955988e+00
 -2.14699650e+01   2.79581385e+00   3.57459778e-03
-1.51627218e+00
   3.07541745e-01  -1.12800166e-02  -1.00546640e+00
6.45018446e-03
 -5.68834539e-01]
模型的截距为：46.39649387182409
模型的均方误差为：22.407276
模型的决定系数：0.734572
```

对比两次结果可以看到，数据是否标准化并不影响该模型的优劣，但是系数和截距发生了明显的改变。至于为什么要对数据进行标准化处理，可以参考其他书籍或本丛书的《数据素养：人工智能如何有据可依》。

线性回归是非线性回归及其他建模的基础，了解线性回归从最基本的一元线性回归开始。值得注意的是，回归本身只是揭示了变量间的相关关系，而不是因果关系。勿把相关当因果，这点尤为重要。

# 3.3 进阶：可视化

前面在分析一元回归问题时，做出了数据的散点图。从图中我们能够一目了然地发现变量间的关系。

也有人认为，在分析问题时可以利用变量的一些描述统计量，又或是变量间的相关系数等指标来研究数据的规律。一般情况下这种做法没有问题，然而有时也存在着一些极端情况，变量的统计指标甚至变量间的相关系数都是相同的，乍一看并无区别，从图形上一看却马上知道数据形态大相径庭。

爱德华·塔夫特（Edward Tufte）在其所著的《图表设计的现代主义革命》（The Visual Display of Quantitative Information）的第一页中，就用安斯库姆四重奏（Anscombe's Quartet）对绘制数据图表的重要性进行了说明[1]。

在数据分析中仍然经常用安斯库姆四重奏来说明在开始数据分析时首先以图形方式观察一组数据的重要性，同时也说明了基本统计属性在描述真实数据集方面可能存在的不足。

统计学家弗朗西斯·安斯科姆（Francis Anscombe）于 1973 年构建了这些模型，以证明在分析数据时绘制图表的重要性，以及异常值和其他有影响力的观察结果对统计特性的影响。这篇文章旨在反驳统计学家的一种印象，即"数字计算是准确的，但图表是粗糙的。"[2]

---

[1] Tufte, Edward R. (2001). The Visual Display of Quantitative Information, 2nd Edition, Cheshire, CT: Graphics Press.

[2] Anscombe, F. J. (1973). "Graphs in Statistical Analysis". American Statistician. 27 (1): 17–21.

安斯库姆四重奏包含了四个数据集，它们具有几乎相同的简单描述统计，但却有非常不同的分布，在图表上看起来也非常不同。每个数据集由 11 对数据点组成。如表 3-1 数据集所示。值得注意的是，对于前三个数据集，$x$ 值是相同的。

表 3-1　Anscombe 四重奏数据

| I | | II | | III | | IV | |
|---|---|---|---|---|---|---|---|
| $x$ | $y$ | $x$ | $y$ | $x$ | $y$ | $x$ | $y$ |
| 10 | 8.04 | 10 | 9.14 | 10 | 7.46 | 8 | 6.58 |
| 8 | 6.95 | 8 | 8.14 | 8 | 6.77 | 8 | 5.76 |
| 13 | 7.58 | 13 | 8.74 | 13 | 12.74 | 8 | 7.71 |
| 9 | 8.81 | 9 | 8.77 | 9 | 7.11 | 8 | 8.84 |
| 11 | 8.33 | 11 | 9.26 | 11 | 7.81 | 8 | 8.47 |
| 14 | 9.96 | 14 | 8.1 | 14 | 8.84 | 8 | 7.04 |
| 6 | 7.24 | 6 | 6.13 | 6 | 6.08 | 8 | 5.25 |
| 4 | 4.26 | 4 | 3.1 | 4 | 5.39 | 19 | 12.5 |
| 12 | 10.84 | 12 | 9.13 | 12 | 8.15 | 8 | 5.56 |
| 7 | 4.82 | 7 | 7.26 | 7 | 6.42 | 8 | 7.91 |
| 5 | 5.68 | 5 | 4.74 | 5 | 5.73 | 8 | 6.89 |

表 3-2 中给出了 Anscombe 四重奏数据的一些统计特性。从表 3-2 中可以看出，四组数据中变量的平均数、方差、变量间的相关系数甚至线性回归的决定系数都是相同的。

表 3-2　Anscombe 四重奏数据统计特性

| 统计特性 | 数值 | 精确度 |
|---|---|---|
| $x$ 的平均数 | 9 | / |
| $x$ 的方差 | 11 | / |
| $y$ 的平均数 | 7.5 | 精确到小数点后两位 |
| $y$ 的方差 | 4.125 | 精确到小数点后三位 |
| $x$ 与 $y$ 之间的相关系数 | 0.816 | ± 0.003 |
| 线性回归线 | $y=3.00+0.500x$ | 分别精确到小数点后两位和三位 |
| 线性回归的决定系数（$R^2$） | 0.67 | 精确到小数点后两位 |

然而，当我们将这四组数据可视化后，如图 3-9 所示，可以看出数据的明显不同。

散点图 3-9(a) 似乎是一个简单的线性关系，对应于两个相关的变量。图 3-9(b) 中两个变量之间有明显的关系，但不是线性的。在图 3-9(c) 中，变量间的关系是线性的，但是由于存在一个异常值（离群值），使得相关系数从近乎为 1 降低到 0.816。图 3-9(d) 展示了一个例子，尽管两个变量之间没有线性关系，但是由于一个异常值的存在，使得变量之间产生一个很高的相关系数。

因此，在分析数据时，尤其是线性回归分析，最佳的做法是先进行数据可视化对数据有个直观的了解。

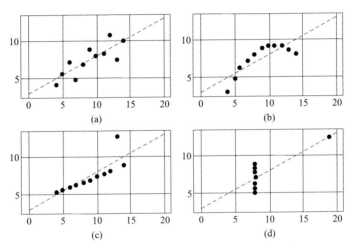

图 3-9　Anscombe 四重奏数据集的线性回归

第 **4** 章

# 分类问题

# 4.1 什么是分类问题

在现实世界中，几乎处处都能看见分类的身影。在生活上，我们需要事先将垃圾分好类，并投入指定的垃圾箱；在学校里，很多情况下需要男女生分组，考试也有及格与不及格之分；在公司里，按照不同的职业属性划分岗位。当然，人工智能在处理问题时，很多情况下也是执行的分类任务。邮件分为垃圾邮件与非垃圾邮件两类，手写数字识别划分为 0 至 9 十类，自动驾驶汽车行驶在路上，也将看到的街景进行分类，工地上的员工是否佩戴安全帽，也是一种类别的划分。

如果需要模型处理这种问题，因变量应该属于定类变量。以二分类问题为例，也就是非此即彼时，我们往往利用 0 和 1 进行分类表示。显然，我们已经给问题事先贴上了分类的标签，因此分类是一种监督学习的方式。

# 4.2 近朱者赤近墨者黑的 $k$ 近邻

## 4.2.1 $k$ 近邻算法基本原理

$k$ 近邻算法（$k$-Nearest Neighbors，简称 KNN）是最常见的监督学习方法之一，它属于一种非参数（non-parametric）监督学习方法。首先由伊夫琳·菲克斯（Evelyn Fix）和约瑟夫·霍奇斯（Joseph Hodges）在 1951 年提出[1]，后来由托马斯·科沃（Thomas Cover）扩展用于分类和回归[2]。

---

[1] Fix, Evelyn; Hodges, Joseph L. (1951). Discriminatory Analysis. Nonparametric Discrimination: Consistency Properties

[2] Altman, Naomi S. (1992). "An introduction to kernel and nearest-neighbor nonparametric regression".The American Statistician. 46 (3): 175–185.

$k$ 近邻算法既可以用于分类问题，也可以解决回归问题。下面的内容主要讨论如何利用 $k$ 近邻算法解决分类问题。

$k$ 近邻算法的工作原理相对简单。首先，在给定的数据集中，通过某种度量的方式，找到与待分类数据最近的 $k$ 个训练样本，即"最近的邻居"；其次，由于是监督学习，这些"邻居"早已有了自己的派系，它们会采取投票的方式对待分类数据进行"拉拢"；最终，这个待分类的数据按照少数服从多数的原则，划归为多数"邻居"的那类。

$k$ 近邻算法在训练的时候，需要记住所有的训练数据。与其他算法不同的是，它基本没有显示训练过程，属于一种懒惰学习（Lazy Learning）。什么是懒惰学习呢？懒惰学习是指将训练数据的泛化延迟到对系统进行咨询时才进行的一种学习方式，这点让它与其他很多算法与众不同，本质上它只是机械地记住了所有的数据。这种类型的学习也被称为基于实例的学习。

通常，学习在两个不同的时间段进行：

- 训练时间（Training Time）。
- 咨询时间（Consultation Times）。

训练时间是咨询时间之前的时间。在训练期间，系统根据训练数据进行推理，为咨询时间做好准备。在懒惰学习算法中，大部分的计算都是在咨询时间中完成的。也就是说，惰性算法如果没有接收到明确的信息请求，它就不会工作。

有时，数据集处于不断更新当中，一些数据在较短的时间内就会过时，因此的确没有时间来进行实时训练阶段。因此，懒惰学习在处理一些需要经常咨询且体量庞大并不断变化的数据集时非常有用。

懒惰学习与渴望学习（Eager Learning）不同，渴望学习始于一种显示的学习方式，在训练时间内就会进行学习，而不是等待咨询时再去。

简单来说，$k$ 近邻算法相对容易理解，其核心思想就是近朱者赤，近墨者黑，即事物受周围环境的影响决定自身的类型。

总结一下 $k$ 近邻算法的三个核心要素：

- 明确邻居的数量：$k$ 值。
- 找到度量的方式：距离。
- 弄清游戏的规则：投票。

$k$ 值是指我们要选择多少个已知类型的事物参与分类，该值的选取对结果影响很大。距离是判断一个待分类的事物与其他事物之间的接近程度。规则就是我们用一个什么样的机制去判定结果。

这里介绍两种常见的距离：曼哈顿距离（Manhattan Distance）与欧氏距离（Euclidean Distance）。曼哈顿距离也称为 $L1$ 距离或城市区块距离，也就是在欧几里得空间的固定直角坐标系上两点所形成的线段对轴产生的投影的距离总和。如图 4-1 所示，两个黑点之间的距离为欧氏距离，其余 3 条均为曼哈顿距离。

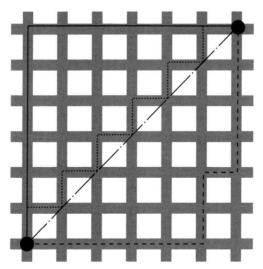

图 4-1　曼哈顿距离与欧氏距离

在平面上，点 $P_1$（$x_1, y_1$）与点 $P_2$（$x_2, y_2$）的曼哈顿距离为：

$$d_1 = |x_1 - x_2| + |y_1 - y_2|$$

曼哈顿距离的命名是从规划为方形建筑区块的城市（如曼哈顿）间，最短的行车路径而来。如图 4-1 中线型所示，它们均为曼哈顿距离，且长度一致。

欧氏距离就是两点间的直线距离，也称 L2 距离，点 $P_1$（$x_1, y_1$）与点 $P_2$（$x_2, y_2$）的欧氏距离为：

$$d_2 = \sqrt{(x_1 - x_2)^2 + (y_1 - y_2)^2}$$

输入点的左边后，很容易根据上述公式给出二维情况下两点间的两种距离数值。示例代码如下：

```
import numpy as np
p1 = np.array([1,0])
p2 = np.array([2,1])
d1=np.sum(np.abs(p1-p2))
d2=np.sqrt(np.sum(np.square(p1-p2)))
print(d1)      # 曼哈顿距离
print(d2)      # 欧氏距离
```

**结果显示：**

```
2
1.4142135623730951
```

下面利用鸢尾花数据集来说明 k 近邻算法的运行原理。鸢尾花数据集是由现代统计学与现代演化论的奠基者之一的罗纳德·费雪（Ronald Fisher），在其 1936 年的论文《在分类问题中使用多重测量法》中引入的一个多元数据集，可作为线性判别分析的一个举例。

该数据集包括 3 种鸢尾花，分别是变色鸢尾（Iris versicolor）、山鸢尾（Iris setosa）和北美鸢尾（Iris virginica），每种各50个样本。每个样本测量了4个特征：花萼长度、花萼宽度、花瓣长度、花瓣宽度，可以通过它们预测鸢尾花卉属于3种中的哪一品种。

出于可视化的考量，我们选取鸢尾花数据的花瓣宽度与花瓣长度这两个特征以及两类鸢尾花各5个，如图4-2所示。

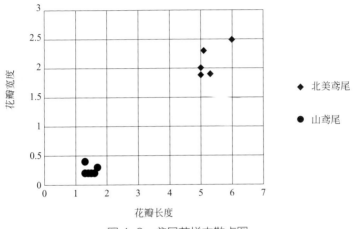

图4-2　鸢尾花样本散点图

此时，假如有一个新的点进入到该平面，如图4-3所示，我们将 $k$ 值设定为3，以该点为圆心，不断向外扩大半径，直至刚好圈住3个点。有了 $k$ 值以及距离（半径），下面就是规则了。$k$ 近邻算法的规则其实很简单：投票，少数服从多数。

我们指定了3个点，在这3个点中，有两个属于北美鸢尾，一个属于山鸢尾，因此新的点需要服从多数，从而被认定为北美鸢尾。

前面我们说过 $k$ 值对类别的影响较大，下面我们来看看不同的 $k$ 值是如何影响分类的。仍以上面的案例为例，假如此时将 $k$ 值设定为5，按照上述的步骤，我们可以看到圈住5个点时，北美鸢尾仍为2个，山鸢尾数量变为了3个，因此，此时将该点的类别认定为山鸢尾，如图4-4所示。

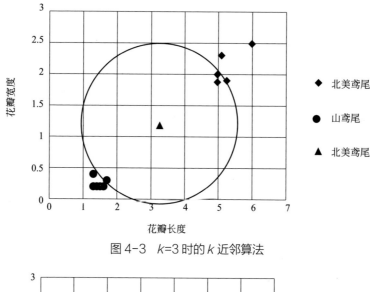

图4-3　k=3时的k近邻算法

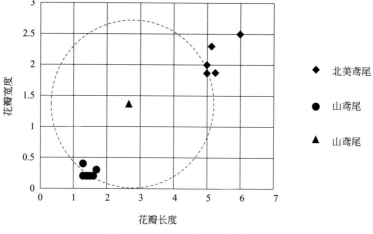

图4-4　k=5时的k近邻算法

前面我们已经说过k的不同取值对结果影响较大，那么我们思考下k值是否能取偶数？我们已经了解到，k近邻算法的规则是少数服从多数，投票制。一旦取偶数就有可能发生平票的情况，因此在选取k值时，我们尽量选取奇数。还有一个极端情况，大家想想k取1会有什么结果？这种情况下分类非常容易受到异常值的影响。

## 4.2.2　*k* 近邻算法实践

我们引入 accuracy_score，利用 score( ) 的方法评估准确性。*k* 近邻算法中的 *k* 是一个超参数，需要事先进行定义。

*k* 值的选取经验做法是一般低于训练样本数的平方根。当然，*k* 值的选取也不是越大越好，根据某些实验的结果表明，*k* 值的增加反而会导致准确率的下降。这里我们选择 *k* = 5 进行分析：

```python
# 导入库
from sklearn import datasets
from sklearn.model_selection import train_test_split
from sklearn.neighbors import KNeighborsClassifier
from sklearn.metrics import accuracy_score

# 加载数据
iris = datasets.load_iris()   # 创建 iris 的数据，把属性存
在 X，类别标签存在 y
X = iris.data
y = iris.target

# 划分训练集与测试集
X_train,X_test,y_train,y_test = train_test_split(X, y,
test_size = 0.3, random_state=1)

# k 近邻算法
model = KNeighborsClassifier(n_neighbors=5)  # 指定 k=5
model.fit(X_train,y_train)

# 显示结果
y_pred = model.predict(X_test)
train_score = model.score(X_train, y_train)
test_score = model.score(X_test, y_test)
print(y_pred)
```

```
print(y_test)
print(' 训练集的准确率 :%f'%train_score)
print(' 测试集的准确率 :%f'%test_score)
print(accuracy_score(y_pred,y_test))   # 评估拟合的准确性
```

结果显示：

```
[0 1 1 0 2 1 2 0 0 2 1 0 2 1 1 0 1 1 0 0 1 1 1 0 2 1 0
0 1 2 1 2 1 2 2 0 1
 0 1 2 2 0 1 2 1]
[0 1 1 0 2 1 2 0 0 2 1 0 2 1 1 0 1 1 0 0 1 1 1 0 2 1 0
0 1 2 1 2 1 2 2 0 1
 0 1 2 2 0 2 2 1]
训练集的准确率 :0.952381
测试集的准确率 :0.977778
0.9777777777777777
```

一些网站也提供了 *k* 近邻算法交互式演示。如图 4-5 所示，平

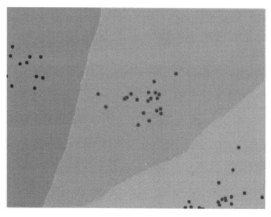

图 4-5  *k* 近邻算法演示

面上的每个点都用 $k$ 近邻算法对其类别进行着色。我们可以选择欧氏距离（L2）的度量标准（Metric），指定 $k$ 值（Num Neighbors）等于 5，选择分类数量（Num classes）为 3 以及点数为 60，拖动图上的样本点，就可以看到分类的动态演示。

利用 $k$ 近邻算法进行每一个新样本点的分类时，均需计算出该点与样本其他所有点之间的距离。当数据很多（$n$ 个）且维度很高（$k$ 维）时，计算成本是相当大的，算法复杂度为 O（$kn^2$）。

一些学者开始探索如何规避每次均要计算所有样本点距离的方法，如 $k$-$d$ 树（$k$-Dimensional Tree）。$k$-$d$ 树是一种在 $k$ 维空间中组织点的空间划分数据结构，是每个叶子节点都为 $k$ 维点的二叉树。算法将信息保留在一棵树中并在计算之前从中查询，通过不同点的距离进行推断，从而避免重复计算，优化后的算法可以明显降低算法复杂度。感兴趣的读者可以查阅其他相关资料，对于 $k$-$d$ 树就不再展开叙述，了解概念即可❶～❹。

# 4.3　通过熵解决分类的决策树

## 4.3.1　决策树与信息熵

决策树（Decision Tree）是由决策图和可能结果组成，是一种

---

❶ Bentley, J. L. (1975). "Multidimensional binary search trees used for associative searching". Communications of the ACM. 18 (9): 509–517.

❷ Rosenberg, J. B. (1985). "Geographical Data Structures Compared: A Study of Data Structures Supporting Region Queries". IEEE Transactions on Computer-Aided Design of Integrated Circuits and Systems. 4: 53–67.

❸ Havran V, Bittner J (2002). "On improving k-d trees for ray shooting" (PDF). In: Proceedings of the WSCG: 209–216.

❹ Brown R (2015). "Building a balanced k-d tree in O(kn log n) time". Journal of Computer Graphics Techniques. 4 (1): 50–68.

特殊的树结构，它是机器学习中一种常见的学习方法。在学习决策树之前，有必要先对树的相关概念做一个简要的回顾。

首先，树由节点和有向边组成；其次，节点又可以分为下方还有节点的内部节点以及下方没有节点的叶节点。因此内部节点，即分支，可以作为属性判断，其属于中间的过程，而叶节点，则代表最终的结果，如图4-6所示。

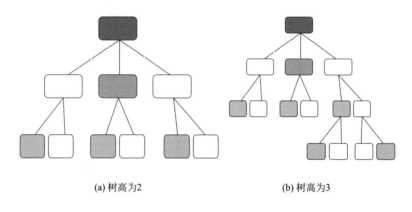

(a) 树高为2                    (b) 树高为3

图4-6　决策树

决策树是一种用于决策行动过程的树形图，与流程图颇有类似，树中每个分支代表一个属性的输出。决策树从根节点开始，然后一步步走到叶节点，最终，所有的数据都到达叶节点上。决策树通过将训练数据按照条件分支，也就是针对某个属性进行测试来解决分类问题。图4-6给出了不同决策树的树高。

在创建一棵决策树的时候，需要考虑从哪一个特征开始一步一步进行划分，因此涉及根节点的选择以及其他节点的选择。

决策树在进行属性测试时，需要对信息进行量化，而信息量化则涉及"信息熵（Information Entropy）"的概念。熵其主要是针对数据的杂乱程度的不纯度进行衡量。之前在一部名为《信条》的电影中，就涉及了熵的概念，观影者直呼烧脑，我们这里针对决策树中有关熵的概念进行一个简要的介绍。

1865 年，热力学领域的主要创始人之一、德国物理学家鲁道夫·克劳修斯（Rudolf Clausius）最早提出了熵（Entropy）的概念。熵是热力学中表征物质状态的参量之一，其物理意义度量一个热力学系统的无序程度。1948 年，信息论创始人克劳德·埃尔伍德·香农（Claude Elwood Shannon）在《通信的数学原理》（*A Mathematical Theory of Communication*）中提出信息熵的概念 [1]。

信息所能够传递的信息量与该信息的不确定性之间有着显著的关系。因此，如果关注信息量，就需要能够对其进行合理的度量。在信息论中，熵正是针对随机信息的这种不确定性（也称不纯度）进行度量。变量的不确定性越大，则说明需要了解的信息就越多，熵的值就会越大。

决策时就是利用这种信息熵的思想来衡量数据划分的优劣，从而让划分后的信息能够获得的信息量最大。什么是信息熵呢？它是一种度量样本集合纯度的常用指标之一。

假如在一个数据集当中有 $k$ 类样本，每类样本的占比为 $p_i(i=1,\cdots, k)$，则信息熵为：

$$H(y)=-\sum_{i=1}^{k} p_i\log_2 p_i$$

其中，对数的底为 2，表示信息熵的单位为比特，$H(y)$ 的值越小，则数据集的纯度越高。

当 $p=0$ 或 $p=1$ 时，$H(y)=0$，随机变量完全没有不确定性。这点也比较容易理解，比如已经告之一个可能装有 10 个黑球与白球的盒子内全是白球，那么这个问题的信息熵为 0，因为不需要

---

[1] Shannon, Claude Elwood (1948). A Mathematical Theory of Communication. Bell System Technical Journal. 27 (3): 379–423.

获得额外的信息，就能够知道球一定是白色的。

什么时候信息熵最大呢？考虑这种情形：盒子里面有 5 个白球和 5 个黑球，此时的 $p=0.5$，随机变量的不确定性最大，$H(y)=1$[1]。

如果是一个二分类问题，那么可以得到 $H(y)$ 与 $p$ 的函数曲线，如图 4-7 所示。

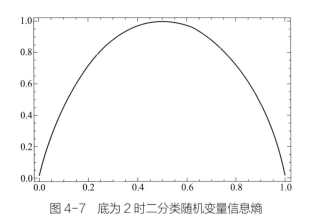

图 4-7　底为 2 时二分类随机变量信息熵

当具备衡量数据集纯度的度量指标信息熵之后，下一步需要了解一个重要的概念——信息增益（Information Gain）。信息增益与描述变量的特征关系十分密切，通过信息增益的方式，可以找出哪个特征（当存在多个特征时）对样本的信息增益最大，因此，也就可以利用信息增益帮助决策树选择特征。信息增益是待分类的集合的熵和选定某个特征的条件熵（Conditional Entropy）之差。

## 4.3.2　决策树案例与实践

我们用一个具体的案例说明信息增益的工作原理，这里选择

---

[1] $H(y)=-\sum_{k=1}^{k} p_k \log_2 p_k = -(\frac{1}{2}\log_2\frac{1}{2}+\frac{1}{2}\log_2\frac{1}{2})=1$

　数据科学：机器学习如何数据掘金

Weka 数据集中的天气数据（weather.nominal）[1]。如表4-1所示，数据中给出了四个特征与决策（分类）。针对表4-1可以得到如表4-2～表4-5所示的特征的频数表。

表 4-1　天气数据

| 编号 | 天气展望 | 温度 | 湿度 | 是否有风 | 是否出游 |
|---|---|---|---|---|---|
| 1 | 晴天 | 炎热 | 高 | 无 | 否 |
| 2 | 晴天 | 炎热 | 高 | 有 | 否 |
| 3 | 阴天 | 炎热 | 高 | 无 | 是 |
| 4 | 雨天 | 温暖 | 高 | 无 | 是 |
| 5 | 雨天 | 寒冷 | 正常 | 无 | 是 |
| 6 | 雨天 | 寒冷 | 正常 | 有 | 否 |
| 7 | 阴天 | 寒冷 | 正常 | 有 | 是 |
| 8 | 晴天 | 温暖 | 高 | 无 | 否 |
| 9 | 晴天 | 寒冷 | 正常 | 无 | 是 |
| 10 | 雨天 | 温暖 | 正常 | 无 | 是 |
| 11 | 晴天 | 温暖 | 正常 | 有 | 是 |
| 12 | 阴天 | 温暖 | 高 | 有 | 是 |
| 13 | 阴天 | 炎热 | 正常 | 无 | 是 |
| 14 | 雨天 | 温暖 | 高 | 有 | 否 |

表 4-2　天气展望频数表

| 频数 | | 是否出游 | |
|---|---|---|---|
| | | 是 | 否 |
| 天气展望 | 晴天 | 2 | 3 |
| | 阴天 | 4 | 0 |
| | 雨天 | 3 | 2 |

---

[1] https://storm.cis.fordham.edu/~gweiss/data-mining/datasets.html

表 4-3　温度频数表

| 频数 | | 是否出游 | |
| --- | --- | --- | --- |
| | | 是 | 否 |
| 温度 | 炎热 | 3 | 1 |
| | 温暖 | 4 | 2 |
| | 寒冷 | 2 | 2 |

表 4-4　湿度频数表

| 频数 | | 是否出游 | |
| --- | --- | --- | --- |
| | | 是 | 否 |
| 湿度 | 高 | 3 | 4 |
| | 正常 | 6 | 1 |

表 4-5　是否有风频数表

| 频数 | | 是否出游 | |
| --- | --- | --- | --- |
| | | 是 | 否 |
| 是否有风 | 有 | 3 | 3 |
| | 无 | 6 | 2 |

根据历史数据可以得知 14 天内有 9 天选择外出，5 天没有外出，此时的信息熵为：

$$-\left(\frac{9}{14}\log_2\frac{9}{14}+\frac{5}{14}\log_2\frac{5}{14}\right)=0.940$$

以天气展望特征开始计算信息增益，下面给出了该特征下的不同情形的信息熵[1]：

- 晴天信息熵：$-\left(\frac{2}{5}\log_2\frac{2}{5}+\frac{3}{5}\log_2\frac{3}{5}\right)=0.971$

- 阴天信息熵：$-\left(\frac{4}{4}\log_2\frac{4}{4}+\frac{0}{4}\log_2\frac{0}{4}\right)=0$

---

[1] 当 $p\to0$ 时，$p\log p\to0$，因此可以得出 $0\log0=0$。

- 雨天信息熵：$-\left(\dfrac{3}{5}\log_2\dfrac{3}{5}+\dfrac{2}{5}\log_2\dfrac{2}{5}\right)=0.971$

因为晴天、阴天和雨天的比例分别为 $\dfrac{5}{14}$，$\dfrac{5}{14}$ 和 $\dfrac{5}{14}$，所以天气属性下的信息熵为：$\dfrac{5}{14}\times0.971+\dfrac{4}{14}\times0+\dfrac{5}{14}\times0.971=0.694$。这就是天气展望特征下的条件熵。因此，天气展望属性下的信息增益为：$0.940-0.694=0.246$。

同理，可以计算出温度特征下的信息增益为 0.029，湿度特征下的信息增益为 0.152，是否有风特征下的信息增益为 0.048。

比较不同特征，可以看到天气展望特征下信息增益最大，因此该特征被首先用来进行划分集合。图 4-8 给出了基于天气展望特征对根节点进行划分的结果，各个分支节点如图 4-8 所示。

图 4-8 天气展望特征对根节点进行划分的结果

决策树算法对每个分支节点所包含的样本集利用其他特征（不再包含天气展望特征）再做进一步的划分，过程与上述原理类似，这里不再赘述。

除了信息熵以外，基尼不纯度（Gini Impurity）也常常用来衡量信息的纯度，一些图书或者资料中也译为基尼系数、基尼杂质等。

基尼不纯度是一种用于构建决策树的测量方法，用于确定数据集的特征应该如何分割节点以形成决策树。更准确地说，数据集的基尼不纯度是一个介于 0 ～ 0.5 之间的数字，它表示如果根据数据集中的类分布给新的随机数据一个随机的类标签，它被错误分类的可能性。其公式如下：

$$Gini(y) = \sum_{i=1}^{k} p_i(1-p_i) = 1 - \sum_{i=1}^{k} p_i^2$$

其中，$k$ 的含义与前文中信息熵的含义一样，代表样本类的数量。

使用决策树时，需要从 Scikit-learn 中导入 tree。这里我们暂时不再使用已有划分训练集与测试集 train_test_split 的方法，而是介绍一种随机抽选的方法。随机选取需要调用 random，并且使用 random.sample( ) 进行无重复的随机抽样，其中 random.seed(n) 表示随机种子，本意是为让随机的结果能够复现，即使用相同的 $n$ 值生成的随机数序列相同。如果不使用随机种子，则每次生成的序列就是随机给出的。

决策树相比于其他算法，更容易出现过拟合的情形，因为它会过分迎合每一个训练的数据，因此导致泛化能力较低。

过拟合是指模型分析的结果与训练数据过于接近，甚至完全对应，因此可能无法适应更多的数据或可靠地预测未来的观察结果。通常，过拟合是指一个数学模型包含的参数超过了数据所能证明的范围。

剪枝法是一种常用的缓解决策树过拟合问题的方法。在 Scikit-learn 库中通过限制树高达到这种"剪枝"的目的。利用 max_depth 限制树的最大深度，超过设定深度的树枝会被全部剪掉。

因为随着决策树树高不断增加，对数据量的需求也在增加，否则很容易导致过拟合的出现，因此限制树高本身也能够有效抑制过拟合的发生。

在进行决策树建模时，可以将准则 criterion 设置为使用熵还是基尼不纯度。示例代码如下：

```
# 导入库
import numpy as np
import random
from sklearn.datasets import load_iris
from sklearn import tree
from sklearn.metrics import accuracy_score

# 加载数据
data= load_iris()

# 划分训练集与测试集
# 随机生成不重复的 45 个从 0~149 的整数（相当于总体）
random.seed(1)
idx_test = random.sample(range(0,149),45)

# 训练集
X_train = np.delete(data.data, idx_test, axis = 0)
y_train = np.delete(data.target, idx_test)

# 测试集
X_test = data.data[idx_test]
y_test = data.target[idx_test]

# 决策树
model = tree.DecisionTreeClassifier(max_depth =
4,criterion = 'entropy')    #可将 'entropy' 替换为 "gini"
model.fit(X_train, y_train)

#输出测试结果
train_score = model.score(X_train, y_train)
test_score = model.score(X_test, y_test)
print(' 训练集的准确率 :%f'%train_score)
```

```
print(' 测试集的准确率 :%f'%test_score)
print(" 测试集中实际值 :", y_test)
print(" 利用模型预测值 :", model.predict(X_test))
```

结果显示如下：

```
训练集的准确率 :1.000000
测试集的准确率 :0.955556
测试集中实际值 : [0 2 0 1 0 2 2 2 1 1 0 2 0 1 2 0 2 1 1 0
1 2 0 0 1 1 0 2 2 0 1 0 1 1 2 1 0
 2 1 1 1 0 0 2 1]
利用模型预测值 : [0 2 0 1 0 2 2 2 1 1 0 2 0 1 2 0 2 1 1 0
1 2 0 0 2 1 0 2 2 0 1 0 1 1 2 1 0
 2 1 1 2 0 0 2 1]
```

决策树的可视化是其显著的优势之一。为了实现可视化，我们要在 Jupyter 中安装 Graphivz 库并调用。读者可以根据自己电脑的操作系统查询相关资料。下面的代码给出如何生成一个名为 iris_tree.pdf 的决策树文件，如图 4-9 所示。

```
# 可视化 , 将结果保存至 pdf 文件
import graphviz
dot_data = tree.export_graphviz(model, out_file=None,
                feature_names=data.feature_names,
                class_names=data.target_names,
                filled=True, rounded=True,
                special_characters=True)
graph = graphviz.Source(dot_data)
graph.render("iris_tree")
```

结果显示如下：

```
'iris_tree.pdf'
```

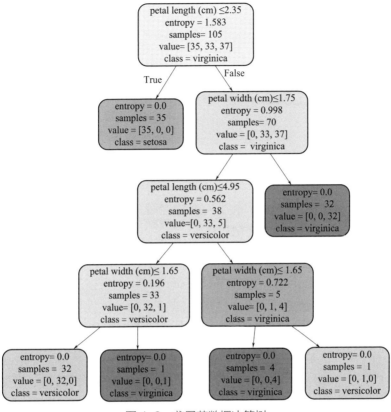

图 4-9　鸢尾花数据决策树

以根节点为例,数据所代表的含义:

第一行 petal length(cm)≤ 2.35 表示鸢尾花数据集中"花瓣长"小于等于 2.35(cm)的时候,走左下边的子树,否则走右下边子树。

第二行 entropy=1.583,表示当前信息熵的值。

第三行 samples=105,samples 表示当前的样本数。鸢尾花数据集中有 150 条数据,因为选择 45 个测试样本,训练集则为 105 个样本。

第四行 value 表示属于该节点的每个类别的样本个数,value 是一个数组,数组中的元素之和为样本的值。鸢尾花数据集中有

3 个类别，分别为：山鸢尾（setosa）、变色鸢尾（versicolor）和维吉尼亚鸢尾（virginica）。因此，在 value 中的数字分别依次表示这三种不同类型鸢尾花的数量。

第五行 class 主要显示出容量多的样本维吉尼亚鸢尾（virginica）。

决策树是一种渴望学习的方法，这与本章介绍的 k 近邻算法这种懒惰学习不同。渴望学习在估计测试数据之前其实就已经开始学习了，因此可以快速进行预测。懒惰学习则是等到测试数据来时才开始学习，因此预测起来相对要慢。

# 4.4  进阶：距离

距离在机器学习中是一个非常重要的概念。大家对两点间的欧氏距离已经较为熟悉了，即在平面坐标中存在两个点，它们的坐标分别为点 A（$x_1, y_1$）和点 B（$x_2, y_2$），欧氏距离可以表示为：

$$d_{欧氏距离} = \sqrt{(x_2-x_1)^2+(y_2-y_1)^2}$$

此外，前文中也介绍了由德国数学家赫尔曼·闵可夫斯基（Hermann Minkowski）提出的曼哈顿距离，其用来表示两个点的绝对轴距总和。因此，点 A 和点 B 的曼哈顿距离可以表示如下：

$$d_{曼哈顿} = |x_2-x_1|+|y_2-y_1|$$

还有一种常用的距离是切比雪夫距离（Chebyshev Distance），它是以巴夫尼提·列波维奇·切比雪夫（Pafnuty Chebyshev）的名字来命名。切比雪夫距离是各点坐标数值差的绝对值的最大值，用公式表示如下：

$$d_{切比雪夫} = \max(|x_2-x_1|,|y_2-y_1|)$$

假设平面上有高维空间的 A（1,2,3,4,5）和 B（10,9,8,7,6）两点，使用 scipy 库可以方便求解出以上三种距离，示例代码如下。

```
import numpy as np
A = ([1,2,3,4,5])
B = ([10,9,8,7,6])
from scipy.spatial.distance import pdist
X = np.vstack([A,B])
d_E = pdist(X)          #欧氏距离
d_M = pdist(X,'cityblock')   #曼哈顿距离
d_C = pdist(X,'chebyshev')   #切比雪夫距离
print(' 欧氏距离 =',d_F,', 曼哈顿距离 =',d_M, ', 切比雪夫距离 =',d_C)
```

结果显示如下：

欧氏距离 = [12.84523258] ，曼哈顿距离 = [25.] ，切比雪夫距离 = [9.]

# 第 **5** 章

# 聚类问题

# 5.1　什么是聚类

西汉末的《战国策·齐策三》中有句话，"物以类聚，人以群分"，意为同类事物及志同道合的人往往会聚在一起。从某种意义上来说，同一群体中的对象彼此之间比其他组群体中的对象更相似。

聚类分析起源于德里弗（H. E. Driver）和克罗伯（A. L. Kroeber）于 1932 年提出的人类学（Anthropology）。而后，约瑟夫·祖宾（Joseph Zubin）在 1938 年，以及罗伯特·泰伦（Robert Tryon）在 1939 年分别将其引入心理学。

如何研究相似性，并让具有相似性的个体聚到一起，就是聚类分析所研究的范畴。聚类分析是一种探索性的数据分析，能够挖掘出一些有价值的信息，其广泛应用于模式识别、图像分析、信息检索、生物信息学、数据压缩、计算机图形学和机器学习等多个领域。

聚类分析其实是一种思想，而不是一种特定的算法。许多算法都可以实现聚类，研究类的构成及如何有效找到不同类的显著差异。

哪一种聚类方法最为正确的，目前还没有客观定论。但正如前面提到的，聚类只是一种思想，因此效果因人而异。对于一个特定的问题，常常需要通过具体实验才能选择出最合适的聚类算法。另外，不同的数据也会对聚类算法提出不同的要求。

其中的一种思想是，同类中个体间的差距最小，群和群之间的差距最大。按照这种思想，其实聚类可以被表述为一个多目标优化问题。

与其他机器学习算法一样，聚类分析通常也无法一次实现目的，而是需要不断迭代优化。聚类分析与前面介绍的回归问题、分类问题最大的不同就是，聚类分析涉及无监督学习，而回归问题、分类问题涉及监督学习。

在回归问题和分类问题中，不但具有特征变量，还拥有标签变量。标签数据使分析目的更加明确，评估模型的标准也更加清晰，真实值与预测值的差异说明了一切。

但是现实中，很多情形下，数据标签其实是很模糊的，很难被发现。即便没有标签数据，数据本身就包含了很多信息，可以进一步探索和挖掘。

以鸢尾花数据为例，考虑到可视化的原因，这里仅提取花萼宽和花萼长两种特征制作散点图。在不考虑标签（因变量）的情况下，上述两个特征的散点图如图 5-1 所示，大家是否可明显看出这些点聚成了哪 3 类？就观测结果来说，不同的人有不同的看法，仁者见仁、智者见智了。

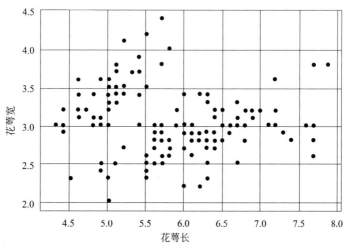

图 5-1　无标签的鸢尾花散点图

通过对花萼宽与花萼长 2 个定量指标进行聚类分析后，可以将这些个体分为 3 类，如图 5-2 所示。当然，这只是利用了 2 个

　数据科学：机器学习如何数据掘金

特征及某个具体的聚类算法所得出的结果，不同的变量、不同的算法都会影响分类的结果。

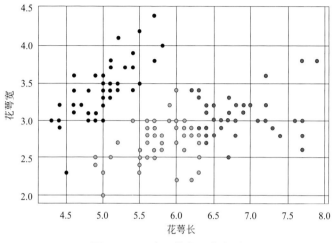

图 5-2　聚类后的鸢尾花类别

聚类也被广泛应用在社交网络当中。通过聚类能够锁定特定的人群，并针对不同的人群，结合推荐的算法，完成一些学习推荐或者是商业推广。其实，只要是进行无标签数据探索的地方，或多或少都会出现聚类的身影，因此，掌握一定的聚类算法思想是很有必要的。

# 5.2　K 均值聚类

## 5.2.1　K 均值聚类原理

根据性别划分学生，可以分为男生和女生，因为性别的分类是既定的事情。但如果划分学生成绩的等级，你会划分为几类？有的同学可能会将成绩划分为及格与不及格，还有的同学会在及格的基础上再划分为优秀、良好、一般，因此出现了 2 类与 4 类这两种不同的分法。

也就是说，在聚类之前，类的数量就已经定好了。但是，如何进一步将样本划分成 K 类呢？这就涉及 K 均值聚类（K-Means Clustering）。

K 均值聚类的思想是雨果·斯坦豪斯（Hugo Steinhaus）在 1957 年提出的，然而"K 均值"一词却是詹姆斯·麦奎因（James MacQueen）在 1967 年提出。K 均值聚类是一种将 $n$ 个观测数据划分为 $K$ 个聚类，使其中每个观测点都被分配给距离它最近的聚类中心，其特点是简单、快速和稳定。

K 均值聚类首先要确定的就是 K 的个数，以及指定初始的类的中心位置。然后不断迭代移动这些中心，直至满足指定要求。因此，K 是一个超参数，如何更好地确定 K，现在仍然没有公认最好的标准。

不少读者还存在一个误区，即学习人工智能，尤其是机器学习算法时，必须掌握Python。其实Python只是众多工具中的一种，只在语言上具有某些优势，加上受到不少库的支持，所以在当下最受欢迎。纵观人工智能史，也曾有不少经典语言随着科技的发展逐步变得小众，最终消失在大众眼中。

因此，工具始终是工具，思想才是恒久不衰的。其实，在学习层面，使用 Excel 也能掌握许多机器学习算法。下面先使用 Excel 对 K 均值聚类原理抽丝剥茧，然后再给出 Python 程序如何实现。值得说明的是，本书中介绍的机器学习算法原理，几乎都能利用 Excel 阐述其原理。

下面我们看看 Excel 如何一步步实现 K 均值聚类。

第1步：获取数据。

利用 Excel 中的 "RANDBETWEEN" 命令随机生成横、纵坐标范围均在 0 到 10 以内的 12 个点，如表 5-1 所示。绘制散点图，如图 5-3 所示，其中横坐标为 $x_1$，纵坐标为 $x_2$。

表 5-1　随机生成的 12 个点

| 编号 | $x_1$ | $x_2$ |
|---|---|---|
| 1 | 7 | 5 |
| 2 | 5 | 7 |
| 3 | 7 | 7 |
| 4 | 3 | 3 |
| 5 | 4 | 6 |
| 6 | 1 | 4 |
| 7 | 0 | 0 |
| 8 | 2 | 2 |
| 9 | 8 | 7 |
| 10 | 6 | 8 |
| 11 | 5 | 5 |
| 12 | 3 | 7 |

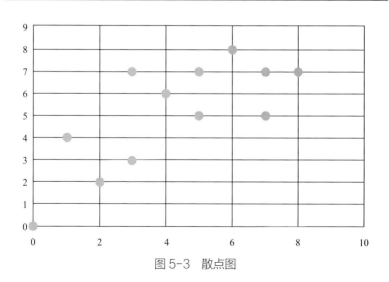

图 5-3　散点图

第2步：为12个数据点指定2个聚类的初始中心点。初始中心点一般可以随机生成，也可以指定为已有散点（即正好随机生成在原散点上）。假设此时随机生成的初始中心点为（4，6）和（5，5），如图5-4所示，图中大的空心圆与实心圆分别代表两个中心点。

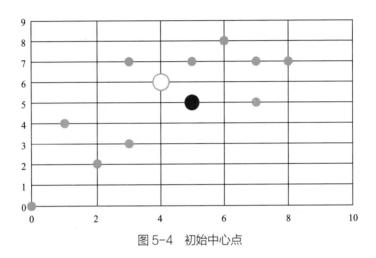

图5-4　初始中心点

第3步：使用 Excel 的 SQRT 函数可以求出各点到初始中心点的距离。计算结果如表5-2所示。使用 IF 语句对 $C_1$ 距离（表示点到第一个中心点的距离）和 $C_2$ 距离（表示点到第二个中心点的距离）进行比较取小，各散点距离哪个中心点近则归为哪类，并在"本次类别"一列中打上类别标签。

表5-2　第1轮计算结果

| 编号 | $X_1$ | $X_2$ | $C_1$ 距离 | $C_2$ 距离 | 前次类别 | 本次类别 | 类别改变 |
|---|---|---|---|---|---|---|---|
| 1 | 7 | 5 | 3.16 | 2.00 | — | 2 | — |
| 2 | 5 | 7 | 1.41 | 2.00 | — | 1 | — |
| 3 | 7 | 7 | 3.16 | 2.83 | — | 2 | — |

　数据科学：机器学习如何数据掘金

| 编号 | $x_1$ | $x_2$ | $C_1$距离 | $C_2$距离 | 前次类别 | 本次类别 | 类别改变 |
|---|---|---|---|---|---|---|---|
| 4 | 3 | 3 | 3.16 | 2.83 | — | 2 | — |
| 5 | 4 | 6 | 0.00 | 1.41 | — | 1 | — |
| 6 | 1 | 4 | 3.61 | 4.12 | — | 1 | — |
| 7 | 0 | 0 | 7.21 | 7.07 | — | 2 | — |
| 8 | 2 | 2 | 4.47 | 4.24 | — | 2 | — |
| 9 | 8 | 7 | 4.12 | 3.61 | — | 2 | — |
| 10 | 6 | 8 | 2.83 | 3.16 | — | 1 | — |
| 11 | 5 | 5 | 1.41 | 0.00 | — | 2 | — |
| 12 | 3 | 7 | 1.41 | 2.83 | — | 1 | — |

不同类别使用不同颜色进行了标注,第 1 轮聚类结果如图 5-5
所示。

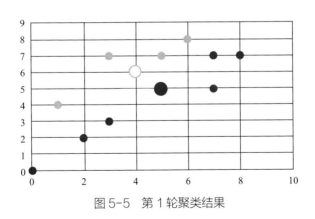

图 5-5　第 1 轮聚类结果

**第 4 步**：求出不同类别的样本横轴与纵轴的平均值,得到第
2 轮的中心点分别为(3.8,6.4)和(4.57,4.14),如图 5-6 所示。

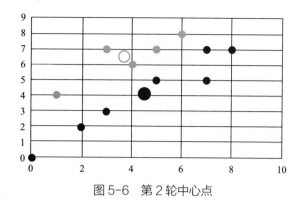

图 5-6　第 2 轮中心点

**第 5 步**：计算出各点到第 2 轮中心点的距离，进行重新聚类。如表 5-3 的第 2 轮计算结果和图 5-7 的第 2 轮聚类结果所示，此次迭代不但中心点位置发生了变化，某些点的聚类结果也被重新划分。在表 5-3 中，"类别改变"一项如果为 1，则表示类别发生了改变；如果为 0，则表示此次迭代没有改变类别。

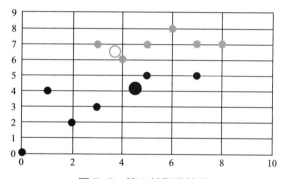

图 5-7　第 2 轮聚类结果

表 5-3　第 2 轮计算结果

| 编号 | $x_1$ | $x_2$ | $C_1$ 距离 | $C_2$ 距离 | 前次类别 | 本次类别 | 类别改变 |
|---|---|---|---|---|---|---|---|
| 1 | 7 | 5 | 3.49 | 2.58 | 2 | 2 | 0 |
| 2 | 5 | 7 | 1.34 | 2.89 | 1 | 1 | 0 |
| 3 | 7 | 7 | 3.26 | 3.75 | 2 | 1 | 1 |
| 4 | 3 | 3 | 3.49 | 1.94 | 2 | 2 | 0 |

| 编号 | $x_1$ | $x_2$ | $C_1$ 距离 | $C_2$ 距离 | 前次类别 | 本次类别 | 类别改变 |
|----|----|----|----|----|----|----|----|
| 5 | 4 | 6 | 0.45 | 1.94 | 1 | 1 | 0 |
| 6 | 1 | 4 | 3.69 | 3.57 | 1 | 2 | 1 |
| 7 | 0 | 0 | 7.44 | 6.17 | 2 | 2 | 0 |
| 8 | 2 | 2 | 4.75 | 3.35 | 2 | 2 | 0 |
| 9 | 8 | 7 | 4.24 | 4.46 | 2 | 1 | 1 |
| 10 | 6 | 8 | 2.72 | 4.11 | 1 | 1 | 0 |
| 11 | 5 | 5 | 1.84 | 0.96 | 2 | 2 | 0 |
| 12 | 3 | 7 | 1.00 | 3.26 | 1 | 1 | 0 |

第 6 步：重新计算新的中心点，然后按照上述方法给出新的类别划分。直到样本点类别与上一轮类别不再发生变化，我们就可以姑且认为达到了终止条件，聚类过程结束，散点被聚为两类。

## 5.2.2 K 均值聚类实践

这里我们仍用鸢尾花数据进行聚类分析。这种含有标签数据的数据集，只要不调用标签数据，就可以为无监督学习所采用。鸢尾花数据具有 4 个特征，为了可视化这里选取前两个特征进行聚类分析并指定聚为 3 类。

```
# 导入库
import numpy as np
import matplotlib.pyplot as plt
%matplotlib inline
#### 默认设置下 matplotlib 图片清晰度不够，可以将图设置成矢量格式
%config InlineBackend.figure_format = 'svg'
from sklearn.cluster import KMeans
from sklearn.datasets import load_iris

# 加载数据
```

```
data = load_iris()
x = data.data
X = x[:,:2]        #为可视化，取前 2 个特征

# 构建模型及预测
model = KMeans(n_clusters=3)    #调用 KMeanns 模型并指定聚
为 3 类
model.fit(X)                          #对数据进行学习
y_pred = model.predict(X)        #预测结果
print(y_pred)                         #输出标签的预测结果

# 画图
fig, ax = plt.subplots(1, 2)
plt.subplot(1,2,1)               #画子图 1
plt.scatter(X[:,0],X[:,1])        #将构建的数据点画出
plt.xlabel("Sepal Length")       #x 轴标签
plt.ylabel("Sepal Width")        #y 轴标签

plt.subplot(1,2,2)               #画子图 2
plt.scatter(X[:,0],X[:,1],c=y_pred)    #经过聚类后的散点图
plt.scatter(model.cluster_centers_[:,0],model.cluster_
centers_[:,1],
            marker='*',c='r',linewidth=7) #画出中心点
plt.xlabel("Sepal Length")       #x 轴标签
plt.ylabel("Sepal Width")        #y 轴标签
# 调整子图的间距
plt.subplots_adjust(left=None, bottom=None, right=None,
top=None, wspace=0.5, hspace=None)
plt.show()
```

结果显示：

```
[1 1 1 1 1 1 1 1 1 1 1 1 1 1 1 1 1 1 1 1 1 1 1 1 1 1 1 1 1
 1 1 1 1 1 1 1 1 1 1 11 1 1 1 1 1 1 1 1 1 1 1 0 0 0 2 0 2
```

0 2 0 2 2 2 2 2 2 0 2 2 2 2 2 2 2 2 0 0 0 0 2 2 2 2 2
2 2 2 0 2 2 2 2 2 2 2 2 2 2 2 2 2 2 2 2 2 0 2 0 0 0 0 2 0 0 0 0
0 0 2 2 0 0 0 0 2 0 2 0 2 0 0 2 2 0 0 0 0 0 2 2 0 0 0 2
0 0 0 2 0 0 0 2 0 0 2]

对应生成的聚类结果如图 5-8 所示。

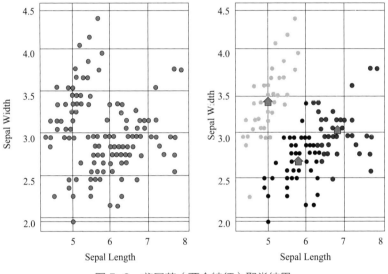

图 5-8　鸢尾花（两个特征）聚类结果

尽管都属于超参数，需要人为设置，但 K 均值聚类中的 K 与 $k$ 近邻算法中的 $k$ 明显不同，对于机器学习的初学者来说很容易混淆两个 K。在 $k$ 近邻算法中，由于是分类问题，这种监督学习的类别数是早已知晓的，其 $k$ 的含义是选择 $k$ 个样本点参与"投票"，而 K 均值聚类中的 K 则是将数据聚为 K 类，此时的 K 决定了结果中的类别数量。

那么如何选择聚类问题中的 K 值呢？最佳的取值可以利用手肘法（Elbow Method）进行评估，它是一种用于确定数据集中聚类数量的启发式方法。

```python
import numpy as np
import pandas as pd
from sklearn.cluster import KMeans
import matplotlib.pyplot as plt
#### 默认设置下 matplotlib 图片清晰度不够，可以将图设置成矢量格式
%config InlineBackend.figure_format = 'svg'
%matplotlib inline

rd = pd.read_csv('regional data.csv')
X = rd.iloc[:,1:]

K=[] # 空列表
Score=[] # 空列表
for k in range(1,11):
    kmeans = KMeans(n_clusters=k)
    kmeans.fit(X)
    score = kmeans.inertia_    # 整体平方和
    K.append(k) # 空列表追加赋值
    Score.append(score)# 空列表追加赋值
plt.plot(K,Score,marker='o') # 画图
plt.xlabel('K') #x 轴标签
plt.ylabel('SSE') #y 轴标签
plt.show()
```

图 5-9 横轴为 *K* 的取值，因为数据集有 10 个特征，因此取值从 1 至 10。纵轴是误差平方和（Sum of the Squared Errors，缩写为 SSE），它是所有样本的聚类误差，是衡量聚类效果优劣的一个指标。图 5-9 中折线下降最快的 *K* 值称为手肘部，当 *K* 从 4 开始折线趋于平缓，我们认为进行 *K* 均值聚类时，*K* 应该设置为 4。

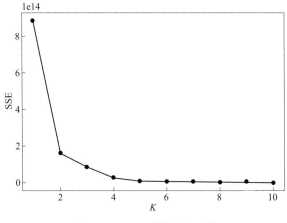

图 5-9　用手肘法确定 $K$ 值

# 5.3　系统聚类

## 5.3.1　系统聚类原理

系统聚类（Hierarchical Cluster）是聚类分析中最常用的方法之一。它的基本思路是：先将每个样本视为一类，然后计算类与类之间的距离并按照一定的准则将两类合并为新类，依此类推，直到一步步将所有的样本归为一类后聚类终止。

首先，为了可视化的需要，我们选取鸢尾花数据中花瓣长与花瓣宽这 2 个维度。然后，在鸢尾花数据中共有 3 类数据，我们随机从这 3 类数据中各抽取 2 个样本进行系统聚类的演示，如表 5-4 所示。

表 5-4　系统聚类样本数据

| 编号 | 花瓣长 | 花瓣宽 | 种类 |
| --- | --- | --- | --- |
| 1 | 1.4 | 0.2 | setosa |
| 2 | 1.4 | 0.1 | setosa |

| 编号 | 花瓣长 | 花瓣宽 | 种类 |
|------|--------|--------|------|
| 3 | 4.7 | 1.4 | versicolor |
| 4 | 4.5 | 1.5 | versicolor |
| 5 | 5.9 | 2.1 | virginica |
| 6 | 5.6 | 1.8 | virginica |

首先将 6 个样本按照编号视为 6 类，计算类与类之间的距离并排成距离矩阵的格式，如表 5-5 所示。

表 5-5　类间距矩阵 1

| 编号 | 1 | 2 | 3 | 4 | 5 | 6 |
|------|---|---|---|---|---|---|
| 1 | | 0.1000 | 3.5114 | 3.3615 | 4.8847 | 4.4944 |
| 2 | | | 3.5468 | 3.4015 | 4.9244 | 4.5310 |
| 3 | | | | 0.2236 | 1.3892 | 0.9849 |
| 4 | | | | | 1.5232 | 1.1402 |
| 5 | | | | | | 0.4243 |
| 6 | | | | | | |

在表 5-5 中找出最短距离为 0.1000，这是类 1 与类 2 之间的距离。因此先将样本 1 与样本 2 合并为 1 类，按照类的顺序编号命名为类 7。因此，目前共有 3、4、5、6、7 共计 5 类，如图 5-10 所示。

当有了类 7 后，需要重新计算它与其他类的距离，由于类 7 此时包含两个数据点，这里采用最短距离法，也就是选择类 7 中样本点到其他类的最短距离作为类 7 到其他类的距离。比如，类 7 中数据类 1 到类 3 的距离为 3.5114，类 2 到类 3 的距离为 3.5468，所以选择最短的距离 3.5114 作为类 7 到类 3 的距离。同理可以得到类 7 与其他各类的距离，如表 5-6 所示。

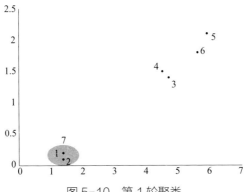

图 5-10　第 1 轮聚类

表 5-6　类间距矩阵 2

| 编号 | 3 | 4 | 5 | 6 | 7 |
|---|---|---|---|---|---|
| 3 | | 0.2236 | 1.3892 | 0.9849 | 3.5114 |
| 4 | | | 1.5232 | 1.1402 | 3.3615 |
| 5 | | | | 0.4243 | 4.8847 |
| 6 | | | | | 4.4944 |
| 7 | | | | | |

在表 5-6 中，找出最短距离为 0.2236，这是类 3 与类 4 之间的距离，因此第二次并类将类 3 与类 4 合并为 1 类，命名为类 8。此时共有 5、6、7、8 共计 4 类，如图 5-11 所示。

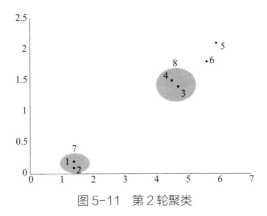

图 5-11　第 2 轮聚类

由于类 7 与类 8 中分别含有多个数据点，因此聚类要从类 1 与类 3，类 1 与类 4，类 2 与类 3，类 2 与类 4 共计 4 个距离中选择最短的 3.3615（类 1 与类 4 的距离）。表 5-7 中最短的距离为 0.4243，因此第三次并类将类 5 与类 6 合并为类 9。

表 5-7　类间距矩阵 3

| 编号 | 5 | 6 | 7 | 8 |
|---|---|---|---|---|
| 5 | | 0.4243 | 4.8847 | 1.3892 |
| 6 | | | 4.4944 | 0.9849 |
| 7 | | | | 3.3615 |
| 8 | | | | |

目前有类 7、8、9 共计三类，如图 5-12 所示。

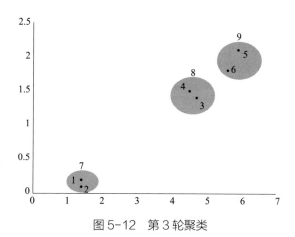

图 5-12　第 3 轮聚类

类 7 与类 9 的距离为 4.4944，类 8 与类 9 的距离为 0.9849，新的类间距矩阵如表 5-8 所示。

表 5-8　类间距矩阵 4

| 编号 | 7 | 8 | 9 |
|---|---|---|---|
| 7 | | 3.3615 | 4.4944 |
| 8 | | | 0.9849 |
| 9 | | | |

此表中最短的距离为类 8 与类 9 的 0.9849，第四次并类将类 8 与类 9 合并为类 10，如图 5-13 所示。

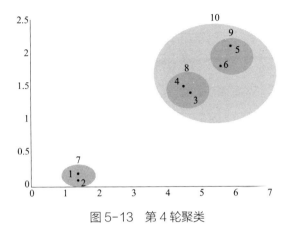

图 5-13　第 4 轮聚类

类 7 中包含类 1 与类 2，类 10 中包含类 3、类 4、类 5 与类 6，根据计算，得到类 7 与类 10 的距离为 3.3615。这是唯一的距离，不会再有其他距离，因此可以认为该距离就是最短距离，第五次并类将类 7 与类 10 合并为一类，所有的类别最终归为一大类，如图 5-14 所示，聚类终止。

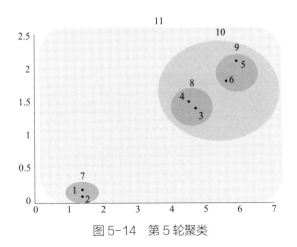

图 5-14　第 5 轮聚类

在并类的过程中，每次所依据的最短距离称为并类距离，依次为 0.1000、0.2236、0.4243、0.9849、3.3615。

## 5.3.2　系统聚类实践

下面我们将利用程序对上述原理进行重现，首先输入上述的 6 个样本点并给出散点图，如图 5-15 所示。

```
import numpy as np
from matplotlib import pyplot as plt
#### 默认设置下 matplotlib 图片清晰度不够，可以将图设置成矢量格式
%config InlineBackend.figure_format = 'svg'
from scipy.cluster.hierarchy import dendrogram, linkage
data = np.array([[1.4,0.2], [1.4,0.1], [4.7,1.4],
[4.5,1.5], [5.9,2.1], [5.6,1.8]])
plt.scatter(data[:,0], data[:,1])
plt.ylim([0,5])    # 设置纵轴数值范围
plt.xlim([0,10])   # 设置横轴数值范围
plt.show()
```

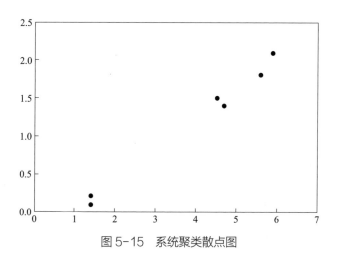

图 5-15　系统聚类散点图

为与系统聚类的原理部分内容保持一致，在下面的代码中，我们利用参数 single（最短距离法）进行距离的计算，根据实际情况的需要，我们还可以选择 average（类平均法）、complete（最长距离法）、ward（瓦尔德法）等方法进行系统聚类。

```
Dist_data = linkage(data, "single")    #用 sigle 法计算距离
print(Dist_data)
```

结果如下：

```
[[0.          1.          0.1         2.         ]
 [2.          3.          0.2236068   2.         ]
 [4.          5.          0.42426407  2.         ]
 [7.          8.          0.98488578  4.         ]
 [6.          9.          3.36154726  6.         ]]
```

聚焦第一行：前两个值代表"类"，Python 从 0 开始计数，最初每个数据点各为一类，所以 0 和 1 这两个数据点表示为两类，第三个数字 0.1 就是 0 和 1 两个点的距离，这两个点被合并成一个类，第四个数字 2 表示该类中含有两个子类。

后面的各行数据以此类推，不再赘述。这些值与之前原理介绍时手动计算出来的值是一致的，见表 5-5 ～ 表 5-8 中的方框数据。

聚类完成后，还可以画出系统聚类树状图进行观察，代码如下，结果显示如图 5-16 所示。

```
dendrogram(Dist_data) #画图
plt.title("Hierachial Clustering Dendrogram")
plt.xlabel("Cluster label")
plt.ylabel("Distance")
plt.axhline(y=2)       #  给出指定的分类线
plt.show()
```

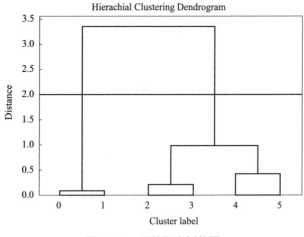

图 5-16　系统聚类树状图

图 5-16 中的横轴表示类别标签，纵轴表示并类距离，是之前求得的类间距距离。从图 5-16 中很容易看到各成一类的数据如何一步步汇聚成一个大类。

# 5.4　进阶：再谈距离

从上述的例子可以看到，在聚类的过程中，计算类间距离非常重要。下面介绍几种常用的计算类间距的方法。

（1）最短距离法

上述案例采用的是最短距离法，也就是选择两类数据点中不同类间间距中的最短值作为两类之间的距离，如图 5-17 所示，样本点 2 与样本点 4 的距离是两类的距离。

（2）最长距离法

最长距离法是将两类数据点中不同类间间距中的最大值作为两类之间的距离，如图 5-18 所示，样本点 1 与样本点 6 为两类的距离。

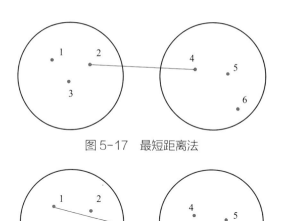

图 5-17　最短距离法

图 5-18　最长距离法

（3）重心法

其实，无论是最短距离法还是最长距离法，都属于两种距离的极端。重心法通过计算不同类的重心之间的距离确定类间距。一个类的重心，也就是类数据的样本平均值。假如点1、点2和点3的坐标分别为（1,5）、（5,3）和（3,1），则3个点横坐标的均值为3，纵坐标的均值为3，那么点（3,3）就是该类的重心。

（4）类平均法

求得两类之间所有点的距离，然后再求出这些距离的平均值作为类间距。

（5）离差平方和法

也称瓦尔德（Ward）法，其思想基于方差分析，如果类型划分正确，那么同类中的离差平方和应该很小，而不同类之间的离差平方和应该较大。具体细节这里不做介绍。

在上述的几种距离求解中，只有采用离差平方和法时，样本间的距离必须采用欧氏距离。

# 第 **6** 章

# 降维问题

01010
10101
01010

# 6.1　什么是降维问题

为了尽可能准确地描述事物，人们往往会不断给其加入各种
变量（也称指标、特征或属性）。这样一来，一方面确实做到了对
事物尽可能准确地描述，然而另一方面却导致维度不断增加，从
而让问题变得越发复杂。此外，描述问题并不是维度越大越好，
模型描述的准确性很有可能随着维度的增大不升反降。其实，有
很多指标之间存在千丝万缕的联系，极端的情况下一些指标甚至
可以被其他的指标线性表示。

维数灾难（Curse of Dimensionality，又名维度的诅咒）是由理
查德·贝尔曼（Richard E. Bellman）在考虑动态规划的优化问题时
首次提出来的术语，用来描述当维度增加时，分析高维空间而遇
到各种棘手问题的场景。

在很多领域中，如采样、机器学习和数据挖掘都会涉及维度
灾难的现象。这些问题的共同特色是当维数提高时，空间体积提
高太快，因而可用数据变得很稀疏。稀疏性对于任何要求有统计
学意义的方法而言都是一个问题，为了获得在统计学上正确并且
可靠的结果，用来支撑这一结果所需的数据量通常随着维数的
提高而呈指数级增长。

当面对高维度的数据时，为了简化问题人们往往要利用如降
维这样的方法。降维（Dimensionality Reduction）是指将变量个数
减少的过程，也就是将数据从高维空间转换到低维空间。这样做
有几大优点：

- 运算的成本减少；
- 探索到数据内无法明显呈现规律的可能性增大；
- 模型泛化能力可能提升。

# 6.2 主成分分析

## 6.2.1 主成分分析原理

主成分分析（Principal components analysis，简称 PCA）的历史悠久，由卡尔·皮尔逊于 1901 年提出，1930 年左右由哈罗德·霍特林（Harold Hotelling）独立发展并命名，在诸多领域中被广泛使用。主成分分析利用正交变换对一系列原始数据进行线性变换，将数据投影为一系列线性无关变量的值，这些线性无关的变量称为主成分（Principal Components）。

主成分分析在减少数据维数的同时，能够利用方差贡献率（Variance Contribution Rate）这种量化的指标让人们可以有选择地保留最大特征，从而在原数据信息尽可能不用过多损失的情况下大大减少了维度。

考虑如下的特殊情况，图 6-1（a）坐标中有 3 个二维点，它们在坐标中的横轴与纵轴均有信息。将坐标旋转至如图 6-1（b）所示的位置，这些点在新的坐标体系中失去了纵轴信息，因此原坐标体系下的二维数据就转换成新坐标体系下的一维数据。

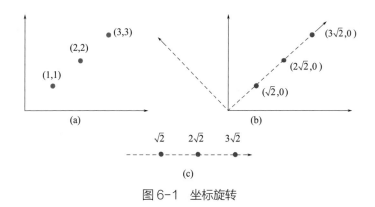

图 6-1 坐标旋转

数据科学：机器学习如何数据掘金

我们利用一个简单的案例，阐述主成分的工作原理。图 6-2 的散点图利用两个维度对每个样本进行了描述，从图 6-2 中可以看到数据无论在横轴上还是纵轴上都显示出较大的离散性，可以用变量的方差定量地表示这种离散性。

如果直接删除某个变量，就会导致原始数据中的信息大量丢失。如果将坐标轴按照逆时针的顺序旋转 $\theta$ 度，可以得到如图 6-2 所示的坐标轴，坐标旋转后的新坐标公式如下：

$$Y_1 = (cos\theta)X_1 + (sin\theta)X_2$$
$$Y_2 = (-sin\theta)X_2 + (cos\theta)X_2$$

将上式表现为矩阵乘法的形式如下：

$$\begin{bmatrix} Y_1 \\ Y_2 \end{bmatrix} = \begin{bmatrix} cos\theta & sin\theta \\ -sin\theta & cos\theta \end{bmatrix} \begin{bmatrix} X_1 \\ X_2 \end{bmatrix} = \boldsymbol{U} \cdot \boldsymbol{X}$$

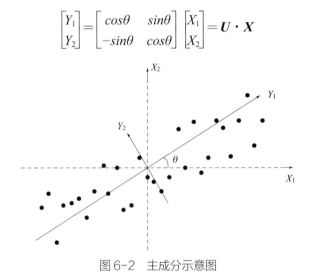

图 6-2　主成分示意图

从图 6-2 中可以看出，在新的坐标体系下，散点在 $Y_1$ 方向上离散变得更大，而在 $Y_2$ 方向上离散减小。如果 $Y_2$ 方向小到我们可以将其舍弃的程度，则实现了从二维降至一维的目的。

主成分有如下的特征：

• 每个主成分是原变量的线性组合；

- 各个主成分之间互不相关；
- 主成分按照方差贡献率从大到小依次排列；
- 所有主成分的方差贡献率求和为1；
- 提取后的主成分通常大小于原始数据变量的数量；
- 提取后的主成分尽可能地保留了原始变量中的大部分信息。

## 6.2.2　主成分分析实践

文本情感分析，通常可以认为是从一句话或一段评论中挖掘评论者的态度。有一种被称为词袋模型（Bag of Word）的特征构建方法，正如词袋其名，在词袋模型下，就如同将所有评论中的词语打散放入到一个袋子中，然后统计评论中出现词语的频率，有时也以是否出现某单词为目标，出现时在相应位置标1，否则标0，这种方式也称为独热编码（One-Hot Encoding）。

假如下面三个简单句子各自构成文本：

- 你们喜欢咖啡吗？
- 我不是很喜欢咖啡。
- 咖啡太苦，我不喜欢咖啡。

基于上述三个文本中出现的词语，可以构建如下的词袋：

[我　你们　不　是　喜欢　咖啡　很　太　苦　吗]

上面词典中包含10个词，每个词都有唯一的索引。基于词袋模型，我们可以使用一个10维向量表示上面的三个文本。也就是每句话均可由10个特征进行表示。

```
[0,1,0,0,1,1,0,0,0,1]
[1,0,1,1,1,1,1,0,0,0]
[1,0,1,0,1,2,0,1,1,0]
```

词袋模型这种构建特征的方法会随着文本的增大使得维度不

断增加。比如从网上搜集了 1 万句评论，如果我们抽取 1000 句评论构建词袋，那么此时维度（词语的个数）约为 1600，这样导致特征数远大于样本数，是很难针对该数据建立模型的。

如果采用 1 万句评论构建词袋，如图 6-3 所示，特征数为 5763 个。尽管此时样本数大于特征数，但是维度的增大以及矩阵的系数仍会给建模和计算带来不便，尤其是如果采用下一章介绍的神经网络方法时，也容易导致模型参数大于样本数。鉴于此，可以采用降维的方式进行处理。

|  | 0 | 1 | 2 | 3 | 4 | 5 | 6 | 7 | 8 | 9 | ... | 5753 | 5754 | 5755 | 5756 | 5757 | 5758 | 5759 | 5760 | 5761 | 5762 |
|---|---|---|---|---|---|---|---|---|---|---|---|---|---|---|---|---|---|---|---|---|---|
| 0 | 0 | 0 | 0 | 0 | 0 | 0 | 0 | 0 | 0 | 0 | ... | 0 | 0 | 0 | 0 | 0 | 0 | 0 | 0 | 0 | 0 |
| 1 | 0 | 0 | 0 | 0 | 0 | 0 | 0 | 0 | 0 | 0 | ... | 0 | 0 | 0 | 0 | 0 | 0 | 0 | 0 | 0 | 0 |
| 2 | 0 | 0 | 0 | 0 | 0 | 0 | 0 | 0 | 0 | 0 | ... | 0 | 0 | 0 | 0 | 0 | 0 | 0 | 0 | 0 | 0 |
| 3 | 0 | 0 | 0 | 0 | 0 | 0 | 0 | 0 | 0 | 0 | ... | 0 | 0 | 0 | 0 | 0 | 0 | 0 | 0 | 0 | 0 |
| 4 | 0 | 0 | 0 | 0 | 0 | 0 | 0 | 0 | 0 | 0 | ... | 0 | 0 | 0 | 0 | 0 | 0 | 0 | 0 | 0 | 0 |
| ... |  |  |  |  |  |  |  |  |  |  | ... |  |  |  |  |  |  |  |  |  |  |
| 9995 | 0 | 0 | 0 | 0 | 0 | 0 | 0 | 0 | 0 | 0 | ... | 0 | 0 | 0 | 0 | 0 | 0 | 0 | 0 | 0 | 0 |
| 9996 | 0 | 0 | 0 | 0 | 0 | 0 | 0 | 0 | 0 | 0 | ... | 0 | 0 | 0 | 0 | 0 | 0 | 0 | 0 | 0 | 0 |
| 9997 | 0 | 0 | 0 | 0 | 0 | 0 | 0 | 0 | 0 | 0 | ... | 0 | 0 | 0 | 0 | 0 | 0 | 0 | 0 | 0 | 0 |
| 9998 | 0 | 0 | 0 | 0 | 0 | 0 | 0 | 0 | 0 | 0 | ... | 0 | 0 | 0 | 0 | 0 | 0 | 0 | 0 | 0 | 0 |
| 9999 | 0 | 0 | 0 | 0 | 0 | 0 | 0 | 0 | 0 | 0 | ... | 0 | 0 | 0 | 0 | 0 | 0 | 0 | 0 | 0 | 0 |

10000 rows × 5763 columns

图 6-3　1 万句评论的独热编码

通过对数据进行主成分分析，我们可以看到主成分的累积贡献率，如图 6-4 所示，横轴为主成分的数量（Number of principal components），纵轴为累积贡献率（cumulative contribution rate）。从图 6-4 可以看到前 400 个主成分的累积贡献率可能就已经突破 80%，通过进一步计算，可以得出前 600 个主成分的累积贡献率为 85.80% > 85%（主要成分累计贡献率一般需要大于 85%）。

因此我们可以选择前 600 个主成分作为分析的特征，从而将原来的 5763 维降到 600 维并保留了原数据的 85% 以上的信息。

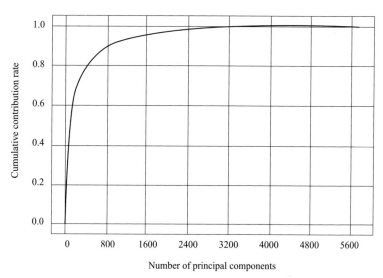

Number of principal components

图 6-4　独热编码数据主成分累积贡献率

　　情感分析、词袋模型以及本案例的相关内容将在本丛书的《情感分析：人工智能如何洞察心理》中详述，这里就不再进行介绍。我们仍以经典的鸢尾花数据集对主成分分析进行介绍。

　　通过导入 PCA 进行主成分分析。

```
# 导入库
import numpy as np
import pandas as pd
from sklearn.decomposition import PCA
from sklearn.datasets import load_iris

# 导入数据
data = load_iris()

# 主成分分析
model = PCA()
model.fit(data.data)
```

```
# 显示主成分信息
pd.DataFrame(model.transform(data.data),
        columns=["PC{}".format(x + 1) for x in
range(data.data.shape[1])])
```

结果显示:

| | PC1 | PC2 | PC3 | PC4 |
|---|---|---|---|---|
| 0 | -2.684126 | 0.319397 | -0.027915 | -0.002262 |
| 1 | -2.714142 | -0.177001 | -0.210464 | -0.099027 |
| 2 | -2.888991 | -0.144949 | 0.017900 | -0.019968 |
| 3 | -2.745343 | -0.318299 | 0.031559 | 0.075576 |
| 4 | -2.728717 | 0.326755 | 0.090079 | 0.061259 |
| ... | ... | ... | ... | ... |
| 145 | 1.944110 | 0.187532 | 0.177825 | -0.426196 |
| 146 | 1.527167 | -0.375317 | -0.121898 | -0.254367 |
| 147 | 1.764346 | 0.078859 | 0.130482 | -0.137001 |
| 148 | 1.900942 | 0.116628 | 0.723252 | -0.044595 |
| 149 | 1.390189 | -0.282661 | 0.362910 | 0.155039 |

150 rows × 4 columns

上述结果给出了鸢尾花数据集的 4 个（全部）主成分，然而选择几个主成分需要进一步判断。这里可以通过计算主成分的累积贡献率进行判断，代码如下：

```
import matplotlib.ticker as ticker
plt.gca().get_xaxis().set_major_locator(ticker.
MaxNLocator(integer=True))
plt.plot([0] + list(np.cumsum(model.explained_variance_
ratio_)), "-")
plt.xlabel("Number of principal components")
plt.ylabel("Cumulative contribution rate")
plt.show()
```

结果显示如图 6-5 所示。

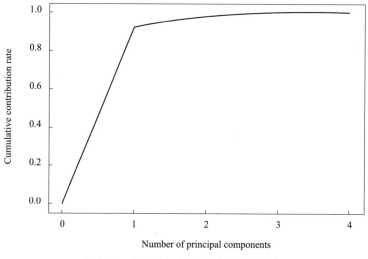

图 6-5 鸢尾花数据主成分累积贡献率

从图 6-5 可以看出，主成分从 0 ～ 1 时非常陡峭，而从 1 往后区域平缓，我们有理由相信，针对 4 维的鸢尾花数据，我们只需要保留 1 个主成分，即将原 4 维数据降维到现在的 1 维。

利用下面的代码，我们可以用更加量化的方式查看主成分累积贡献率。

```
model.explained_variance_ratio_
```

**结果显示：**

```
array([0.92461872, 0.05306648, 0.01710261, 0.00521218])
```

从显示的结果来看，1 个主成分就已经达到了 92.46%，保留了原数据中绝大部分信息。

# 6.3 奇异值分解

## 6.3.1 奇异值分解原理

奇异值分解（Singular Value Decomposition，简称 SVD）将一个任意矩阵进行分解，无须考虑特征值分解时需要矩阵是方阵的前提，它在信号处理、模式识别、推荐系统、自然语言处理、图像压缩、统计学等领域有重要应用。

比如在商品推荐系统中，某些商品购买的用户很少，因此会形成由大量的 0 构成的稀疏矩阵，给计算带来了很大的不便，因此需要提取有用的特征。利用 SVD 可以从稀疏矩阵中提取有用的信息，并且大大减少计算量。

假设矩阵 $M$ 是一个 $m \times n$ 阶矩阵，则可以将其分解为下面的三个矩阵相乘：

$$M = U\Sigma V^{\mathrm{T}}$$

其中：

- $U$ 是 $m \times m$ 阶正交矩阵，$UU^{\mathrm{T}} = I$，$I$ 为单位矩阵（Identity）；
- $V^{\mathrm{T}}$ 是 $n \times n$ 阶正交矩阵，$VV^{\mathrm{T}} = I$；
- $\Sigma$ 是 $m \times n$ 阶非负实数对角矩阵（Diagonal Matrix），$\Sigma = \mathrm{diag}(\sigma_1, \sigma_2, \cdots, \sigma_n)$，$\sigma_1 \geqslant \sigma_2 \geqslant \cdots \geqslant \sigma_n$。

这种将矩阵 $M$ 分解的方法就被称为奇异值分解，$\Sigma$ 矩阵上对角线上的元素即为 $M$ 的奇异值。

如图 6-6 所示，考虑一个 $m > n$ 的任意矩阵，此时 $\Sigma$ 的秩为 $n$，矩阵中不同深度的灰色表示奇异值大小不同，对角线上的奇异值（假设存在 $n$ 个非零的奇异值）依次从大到小进行排列。在这种情况下，矩阵 $U$ 的最后 $m-n$ 列失去了意义。

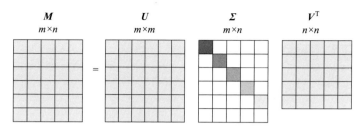

图 6-6　奇异值分解

因此可以做进一步变化，如图 6-7 所示，此时 $m \times m$ 阶的矩阵 $U$ 变为 $m \times n$ 阶的矩阵 $U_1$，$m \times n$ 阶的矩阵 $\Sigma$ 变为 $n \times n$ 阶的矩阵 $\Sigma_1$。

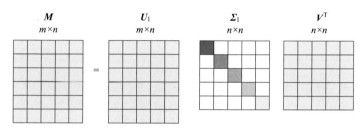

图 6-7　奇异值分解 - 满秩

当我们取 $k < n$，比如 $k=2$ 时，即认为前两个奇异值占总奇异值之和的比例非常大，因此可以将如图 6-8 所示的方式进行运算，尽管此时 $M_2 \neq M$，但是由于删除的奇异值占比很小，我们可以认为 $M_2 \approx M$。

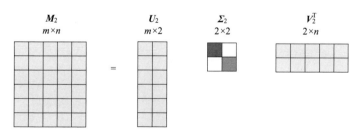

图 6-8　奇异值分解 - 秩为 2 时的逼近

因为数字图像数据能够通过矩阵进行表示，因此矩阵的运算也可以用来分析并处理图像。通常灰度图像可以通过一个矩阵进行表示，每一个像素都有一个数值，如图 6-9 的手写数字图像所示。

图 6-9　手写数字识别数字矩阵

通过定义上述奇异值分解的原理，我们可以利用 SVD 对图片进行压缩，$k$ 定义得越小，图像压缩的比例就越大。以下为利用 SVD 分解进行图像压缩的实例。

## 6.3.2　奇异值分解实践

利用 Python 可以很方便实现对矩阵的奇异值分解，例如对 $4 \times 5$ 阶的矩阵 $\boldsymbol{M}$ 进行奇异值分解：

$$\boldsymbol{M} = \begin{bmatrix} 1 & 0 & 0 & 0 & 2 \\ 0 & 0 & 3 & 0 & 0 \\ 0 & 0 & 0 & 0 & 0 \\ 0 & 4 & 0 & 0 & 0 \end{bmatrix}$$

代码如下：

```
import numpy as np
M = np.array([[1,0,0,0,2], [0,0,3,0,0],[0,0,0,0,0],
[0,4,0,0,0]])
U, Sigma, VT = np.linalg.svd(M)
print("U:", U)
print("Sigma :", Sigma)
print("VT:", VT)
```

结果显示：

```
U: [[ 0.  0.  1.  0.]
 [ 0.  1.  0.  0.]
 [ 0.  0.  0. -1.]
 [ 1.  0.  0.  0.]]
Sigma : [4.          3.          2.23606798 0.         ]
VT: [[-0.          1.          0.          0.          0.         ]
 [-0.          0.          1.          0.          0.         ]
 [ 0.4472136   0.          0.          0.          0.89442719]
 [ 0.          0.          0.          1.          0.         ]
 [-0.89442719  0.          0.          0.          0.4472136 ]]
```

导入一张 $1024 \times 1024$ 的图片，下面的代码给出了低秩近似序列使用奇异值分解逼近的图片。

```
import numpy as np
import matplotlib.pyplot as plt
from PIL import Image

r_max = 300      # 设置最大的秩
Pic = './Tsinghua.jpeg'

image = Image.open(Pic).convert("L")
img_mat = np.asarray(image)

U, s, V = np.linalg.svd(img_mat, full_matrices=True)
s = np.diag(s)

for k in range(r_max + 1):
```

```
approx = U[:, :k] @ s[0:k, :k] @ V[:k, :]
img = plt.imshow(approx, cmap='gray')
  plt.title("SVD approximation with degree of %d"
%(k))
plt.plot()
plt.pause(0.001)
plt.clf()
```

图 6-10 所示为输出的部分结果，从图中可以看到，用秩 100 逼近时与原图对比比较模糊，当不断增加秩时，图像会逐渐变得清晰，可以在秩等于某一个值时终止，从而实现利用奇异值分解的图像压缩。

(a) 秩=100逼近　　　　　　　　(b) 秩=200逼近

(c) 秩=300逼近　　　　　　　　(d) 原图

图 6-10　图像奇异值分解结果

# 6.4 进阶：特征值与特征向量

特征值（Eigenvalue）与特征向量（Eigenvector）是线性代数中最核心的内容之一，在人工智能中有着广泛的应用，如机器学习中的降维、特征提取、图像压缩、推荐系统等领域。

以二维平面为例，坐标轴的数值确定了点的位置，从原点到该点的方向代表了向量的方向，而从原点到该点的距离则为向量的长度。通过矩阵的乘法对向量进行线性变换，可以将二维平面中的一点变为另外一点。

图 6-11 中的两个点坐标分别为（2,1）和（1,2），表示成列向量为：

$$x_1 = \begin{bmatrix} 2 \\ 1 \end{bmatrix}, \ x_2 = \begin{bmatrix} 1 \\ 2 \end{bmatrix}$$

考虑将列向量分别左乘矩阵 $A$ 进行线性变换：

$$Ax_1 = \begin{bmatrix} 1 & 2 \\ 3 & 4 \end{bmatrix} \begin{bmatrix} 2 \\ 1 \end{bmatrix} = \begin{bmatrix} 4 \\ 10 \end{bmatrix}$$

$$Ax_2 = \begin{bmatrix} 1 & 2 \\ 3 & 4 \end{bmatrix} \begin{bmatrix} 1 \\ 2 \end{bmatrix} = \begin{bmatrix} 5 \\ 11 \end{bmatrix}$$

与矩阵相乘后，向量 $x_1$ 和 $x_2$ 变换了向量的大小与方向。然而，某些情况下矩阵与向量的相乘无法改变向量的方向，只是大小发生了缩放，用公式可以表示为：

$$Ax = \lambda x$$

如果上述关系式成立且 $A$ 为方阵，$\lambda$ 为实数，$x$ 为非零向量，则称 $\lambda$ 是方阵 $A$ 的特征值，$x$ 为 $A$ 对应于 $\lambda$ 的特征向量。

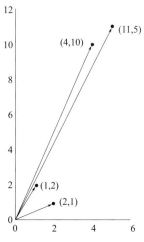

图 6-11　矩阵相乘变换向量

利用 Python 与 NumPy 库，很容易得到方阵 $A$ 的特征值与特征向量 [1]。

```
import numpy as np
A = np.array([[1,2],[3,4]])
a,b =  np.linalg.eig(A)
print("A 的特征值为: \n",a)
print("A 的特征向量为: \n",b)
```

结果显示:

```
A 的特征值为:
 [-0.37228132  5.37228132]
A 的特征向量为:
 [[-0.82456484 -0.41597356]
 [ 0.56576746 -0.90937671]]
```

---

[1] 通过 np.linalg.eig( ) 函数得到的特征向量是已经标准化的向量，即长度为 1。该函数给出的特征值未按大小顺序排序。

除了特征值与特征向量外，协方差矩阵（Covariance Matrix）与相关系数矩阵（Correlation Matrix）也是降维分析中的重要概念。以鸢尾花的 4 个特征向量为例，协方差矩阵的每个元素是各个向量元素之间的协方差，相关系数矩阵的各元素是由各特征间的相关系数构成的。

协方差矩阵与相关系数矩阵很容易求出。

```python
import numpy as np
from sklearn.datasets import load_iris

# 导入数
data = load_iris()
X = data.data

Cov_X = np.cov(X.T)        # 求解相关系数矩阵
Cor_X = np.corrcoef(X.T) # 求解相关系数矩阵

print(" 协方差矩阵: \n",Cov_X)
print(" 相关系数矩阵: \n",Cor_X)
```

结果如下：

```
协方差矩阵:
 [[ 0.68569351 -0.042434    1.27431544  0.51627069]
 [-0.042434    0.18997942 -0.32965638 -0.12163937]
 [ 1.27431544 -0.32965638  3.11627785  1.2956094 ]
 [ 0.51627069 -0.12163937  1.2956094   0.58100626]]
相关系数矩阵:
 [[ 1.         -0.11756978  0.87175378  0.81794113]
 [-0.11756978  1.         -0.4284401  -0.36612593]
 [ 0.87175378 -0.4284401   1.          0.96286543]
 [ 0.81794113 -0.36612593  0.96286543  1.        ]]
```

利用协方差矩阵和相关系数矩阵可以求解主成分。这里以利用协方差矩阵为例进行说明。

沿用上面的协方差矩阵数据，可以求得其特征值与特征向量：

```
import numpy as np
a,b = np.linalg.eig(Cov_X)
print(" 协方差矩阵的特征值为: \n",a)
print(" 协方差矩阵的特征向量为: \n",b)
```

结果如下：

```
协方差矩阵的特征值为:
 [4.22824171 0.24267075 0.0782095  0.02383509]
协方差矩阵的特征向量为:
 [[ 0.36138659 -0.65658877 -0.58202985  0.31548719]
 [-0.08452251 -0.73016143  0.59791083 -0.3197231 ]
 [ 0.85667061  0.17337266  0.07623608 -0.47983899]
 [ 0.3582892   0.07548102  0.54583143  0.75365743]]
```

协方差矩阵的特征值即为主成分的方差贡献率，我们可以与前文中的结果做一个对比：

4.2282/(4.2282+0.2427+0.0782+0.0238)= 0.9246

0.2427/(4.2282+0.2427+0.0782+0.0238)= 0.0531

0.0782/(4.2282+0.2427+0.0782+0.0238)= 0.0171

0.0238/(4.2282+0.2427+0.0782+0.0238)= 0.0052

第一个主成分（解释方差）所占比例已经高达 92.46%，说明已经可以在这个比例上解释原始数据信息，因此可将鸢尾花数据从四维降至一维。第一主成分如下：

$$Y_1 = 0.3614 \times (x_1 - \bar{x}_1) - 0.0845 \times (x_2 - \bar{x}_2) + 0.8567 \times (x_3 - \bar{x}_3) + 0.3583 \times (x_4 - \bar{x}_4)$$

其中，$\bar{x}_i$（$i$=1,2,3,4）表示该列特征的均值，等式右边的系数为协方差矩阵的特征向量的第一列（与第一个特征值相对应）的数值。

除了协方差矩阵，相关系数矩阵也可以求解主成分。但是两种不同的求解方法结果上通常会有一定的差别。此外，值得注意的是，如果对已经标准化的数据求协方差矩阵，实际上就是对原变量求相关系数矩阵。

　　在求解主成分时，如果变量间的单位不同，应该先将变量标准化后进行计算。否则由于单位不同导致的取值范围悬殊太大会影响最终的结果。

　　然而，如果变量单位相同时，比如在鸢尾花数据集中，所有的变量长度均为"厘米"，则无须对原始变量进行标准化，因为标准化其实会一定程度上抹去原始数据的部分重要信息。

　数据科学：机器学习如何数据掘金

第 **7** 章

# 神经网络

# 7.1 从神经元到感知机

## 7.1.1 从生物神经元到人工神经元

关于神经网络，我们先做一个简单的回顾，请问神经网络属于下面哪个学派：

- 符号主义学派
- 连接主义学派
- 行为主义学派

正确的答案是连接主义。符号主义学派模仿脑模仿心智，连接主义模仿脑结构，即神经元和神经元之间的连接结构，行为主义则聚焦在智能体与环境之间的交互。

说到神经网络，首先就要从人脑开始讲起。历史上针对脑的研究历史久远，早在 2500 多年前就有大脑之争，比如古希腊医师希波克拉底（Hippocrates）与亚里士多德（Aristotle）的"大脑"之争。18 世纪，意大利医生路易吉·加尔瓦尼（Luigi Galvani）和亚历山德罗·沃尔塔（Alessandro Volta）发现了外接电源的电流可以激活神经。19 世纪，德国生理学家埃米尔·杜布瓦 - 雷蒙（Emil Heinrich du Bois-Reymond）证实了神经元可以产生电脉冲。20 世纪初，西班牙解剖学家圣地亚哥·拉蒙·卡哈尔（Santiago Ramón y Cajal）发现大脑是由神经元构成的。20 世纪 40 年代至 50 年代，神经学家开始对脑内电信号传导进行深入研究。

人的大脑内约有 860 亿个神经元，每一个神经元大约有 1000 个突触。神经元负责传递信息，它的一端是接收信息的树突，利用轴突将信息传递到突触，突触将信号转化。神经元之间约有 20nm 缝隙需要靠突触传递信息。在传递信息开始前，神经元处于一种极化状态，当信号到达轴突终端时，极性的改变引发神经递质从突触前细胞释放，从而使得这些化学物质穿过一个小间隙并激活另一个神经元，如图 7-1 所示。

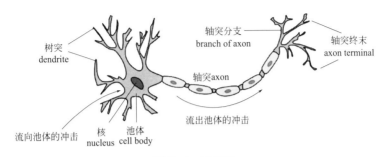

图 7-1　神经元

是否可以设计出类似于人脑这样的网络结构，让神经元之间相互刺激，共同完成对信息的处理呢？人脑这种复杂的结构注定了相关研究工作是一个巨大的挑战。然而万丈高楼平地起，这里先简单回顾一下神经元及神经网络的发展历史。

早期的人工神经元模型是由沃伦·斯特吉斯·麦卡洛克（Warren Sturgis McCulloch）和沃尔特·哈利·皮茨（Walter Harry Pitts）于 1943 年提出的，称 McCulloch-Pitts 神经元模型，简称 MP 神经元，它的诞生甚至早于人工智能元年 1956 年，如图 7-2 所示。尽管 MP 神经元是一个简化形式，然而目前仍是神经网络领域的参考标准。

MP 神经元的提出具有里程碑意义，影响了认知科学和心理学、哲学、神经科学、计算机科学、人工神经网络、控制论和人工智能等多个领域，以及后来被称为生成科学（Generative Science）的领域。

尽管 MP 神经元与后面即将介绍的感知机原理非常类似，但是仍有一些细微的差别，这里简单介绍 MP 神经元的工作原理。

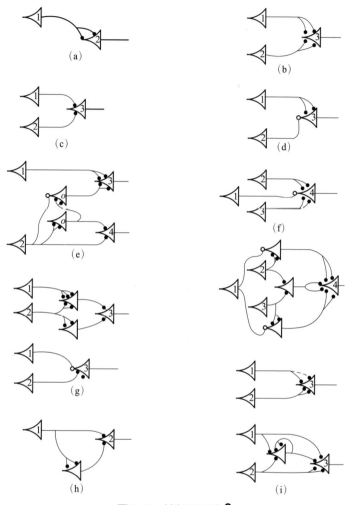

图 7-2　神经元活动 ❶

从 图 7-3 中 可 以 看 到， 给 定 $n$ 个 0 或 1 的 输 入 数 据 $x_i$（$1 \leqslant i \leqslant n$）， 并 赋 予 它 们 各 自 $w_i$（$1 \leqslant i \leqslant n$）的 参 数， MP 神 经 元 模 型 对 输 入 的 信 息 进 行 线 性 加 权 组 合， 并 利 用 函 数 $\varPhi$（ · ）输

---

❶ McCulloch, W.S., Pitts, W (1943). A logical calculus of the ideas immanent in nervous activity. Bulletin of Mathematical Biophysics 5, 115–133.

出 0 或者 1 的结果，即一个二分类问题。注意，MP 神经元模型
具有如下的特征：

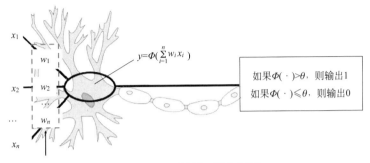

图 7-3　MP 神经元工作原理

- 输入的数据只能是 0 或 1；
- 无法学习权重，只能人为预先设定 0 或 1；
- 事先设定好阈值 $\theta$；
- 线性求和结果大于 $\theta$，函数 $\Phi(\cdot)$ 输出 1（激活状态），
否则输出 0（抑制状态）。

　　沃尔特·哈利·皮茨在 1955 年的一次大会上以敏锐的眼光
指出了人工智能不同学派的发展路径，的确是一位了不起的人
物。他个人的经历也非常传奇，在他 12 岁的时候，他花三天三
夜读完了罗素的巨著《数学原理》，据说他还给罗素写信指出书中
的一些值得商榷之处。15 岁时他与罗素见面并让罗素深感震撼，
17 岁时认识了他的老师沃伦·麦卡洛克。冯·诺依曼受到皮茨启
发，在《EDVAC 报告书的第一份草案》（First Draft of a Report on
the EDVAC）论文中引用的唯一一篇论文就是沃尔特·哈利·皮茨
等于 1943 年发表的那篇论文。1954 年的《财富》杂志发起的评选
中，沃尔特·哈利·皮茨还被选为"40 岁以下的最有才华的 20 位
科学家"之一，与之并列的是香农等传奇人物。控制论创始人诺

伯特·维纳曾对沃尔特·哈利·皮茨给出了如下的评价："毫无疑问，他（沃尔特·皮茨）是我见过的全世界范围内最厉害、最杰出的科学家，如果他不能成为他这一代最重要的两三个科学家之一的话，我反而会感到很惊讶。"

1949 年，心理学家唐纳德·赫布（Donald Olding Hebb）在其1949 年出版的《行为组织》（The Organization of Behavior）提出了赫布理论（Hebbian Theory）❶。

赫布理论指出，突触（Synaptic）传递效能的增加是由于突触前神经元（Presynaptic Cell）对突触后神经元（Postsynaptic Cell）的重复和持续的刺激。它试图解释突触可塑性，即人脑神经元在学习过程中的适应性。赫布理论可以用于解释联想学习（Associative Learning），即同时激活神经元将导致这些神经元之间突触强度的显著增加，有时也称其为赫布学习（Hebb Learning）。

赫布理论通常被总结为"一起点燃的细胞连接在一起"。赫布理论为连接主义提供了认知神经心理学基础。突触强度的显著增加表现出来的关联体现在神经网络中就是权重加强，因此某种意义上说深化了 MP 神经元模型。

## 7.1.2 从单层感知机到多层感知机

1957 年，弗兰克·罗森布拉特（Frank Rosenblatt）提出了感知机（perceptron），属于一种简单的人工神经网络。此时的感知机与MP 神经元模型类似，由一个输入层和一个输出层构成，即单层感知机。

❶ Hebb,D.O. (1949). The Organization of Behavior: A Neuropsychological Theory. New York: Wiley and Sons.

感知机与 MP 神经元模型的区别之一体现在权重上。首先，感知机中的权重并不是事先人为设定好的，而是在多次的迭代过程中训练得到的。其次，输入的数据也变为了实数，不再是 MP 神经元模型中的 0 或 1。

另外，感知机除了将输入和权重线性加权外，还需加上偏置（Bias），然后由激活函数 $\Phi(\cdot)$ 将求和进行转化。同样，当大于等于某一阈值，比如 0，则输出 1，否则输出 0，如图 7-4 所示。

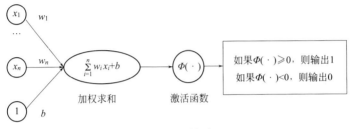

图 7-4　感知机

在 1958 年美国海军组织的一次新闻发布会上，罗森布拉特发表了关于感知机的声明，在刚刚起步的人工智能界引起了激烈的讨论。根据罗森布拉特的声明，《纽约时报》报道称感知机是电子计算机的胚胎，（海军）期望它能够行走、说话、看、写、自我繁殖并意识到自己的存在。

1969 年，马文·明斯基（Marvin Minsky）和西蒙·派珀特（Seymour Papert）合著了《感知机：计算几何导论》（Perceptrons: An Introduction to Computational Geometry）[1]。该书指出由输入层和输出层构成的感知机能力不足，连简单的异或（XOR）问题都无法解决。同时，该书也指出即便在感知机中增加隐藏层，也会因为计算量太大而很难得到有效的参数。因为感知机中并不含非线性

---

[1] Minsky, Marvin and Papert, & Seymour. (1969). Perceptrons: An Introduction to Computational Geometry. The MIT Press.

变换的隐藏层，所以感知机的能力较弱，如果在感知机中加入多个隐藏层形成多层感知机（Multilayer perceptron，MLP）后，需要更为有效的算法解决参数训练。

这本书被认为是导致了对神经网络研究陷入低潮的导火索，并成为 20 世纪 70 年代人工智能寒冬的诱因之一。屋漏偏逢连夜雨，在神经网络陷入低谷昔日风光不再时，1971 年 7 月，感知机的提出者弗兰克·罗森布拉特在他 43 岁生日那天死于一次划船事故。

与门（AND Gate）是由两个输入和一个输出构成的门电路。图 7-5（a）代表了输入信号和输出信号的真值表。从图 7-5 可以看到，与门只有当两个输入均为 1 的时候，输出为 1，否则就是 0，满足这样条件的参数，即直线可以有无数条。

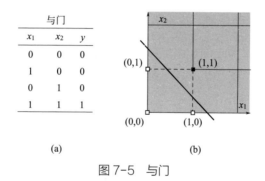

图 7-5　与门

与非门（NAND Gate）就是刚好和与门相反的门电路。图 7-6（a）代表了输入信号和输出信号的真值表。从图 7-6 可以看到，与非门只有当两个输入均为 1 的时候，输出为 0，否则就是 1。同理，从图 7-6 可以看到，满足这样条件的参数，即直线可以有无数条。

或门（OR Gate）真值表如图 7-7 所示。或门是只要有一个输入信号是 1，输出就为 1 的电路。从图 7-7 可以看出，满足这样条件的参数，即直线可以有无数条。

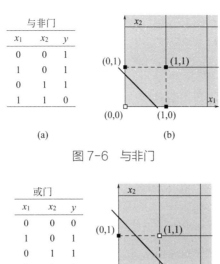

| 与非门 | | |
|---|---|---|
| $x_1$ | $x_2$ | $y$ |
| 0 | 0 | 1 |
| 1 | 0 | 1 |
| 0 | 1 | 1 |
| 1 | 1 | 0 |

(a)                    (b)

图 7-6　与非门

| 或门 | | |
|---|---|---|
| $x_1$ | $x_2$ | $y$ |
| 0 | 0 | 0 |
| 1 | 0 | 1 |
| 0 | 1 | 1 |
| 1 | 1 | 1 |

(a)                    (b)

图 7-7　或门

异或门（XOR Gate）表示的是只有当两个输入中的一个为 1 时，才会输出 1，真值表如图 7-8（a）所示。从图 7-8 可以看出，无论如何也无法找到一条线将实心点与空心点分开。这也表明了感知机的缺点，它只能表示由一条直线分割的空间，无法分离非线性空间。直觉上，如果能够多加一条线，又或是一条曲线，也可以将不同类别的点分开。

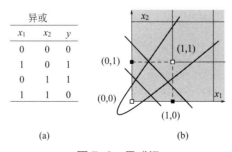

| 异或 | | |
|---|---|---|
| $x_1$ | $x_2$ | $y$ |
| 0 | 0 | 0 |
| 1 | 0 | 1 |
| 0 | 1 | 1 |
| 1 | 1 | 0 |

(a)                    (b)

图 7-8　异或门

尽管单层的感知机无法解决异或问题，但是通过门的组合却能够成功解决异或问题。这种组合相当于在感知机模型中增加了隐藏层，这样的结果使得神经网络具有了非线性表达能力。这样的感知机也被称为多层感知机（Multilayer Perceptron）。如图7-9所示，$x_1$ 和 $x_2$ 是输入信息，$s_1$ 表示与非门的输出，$s_2$ 表示或门的输出，$y$ 表示输出。

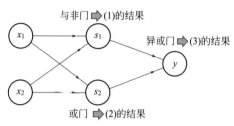

图7-9　多层感知机结构

　　我们可以通过输入数据观察是否实现了异或门，如表7-1所示，当与非门和或门进行组合后，成功实现了异或门。

表7-1　真值表

| $x_1$ | $x_2$ | $s_1$ | $s_2$ | $y$ |
|---|---|---|---|---|
| 输入 1 | 输入 2 | （1）的输出 | （2）的输出 | （3）的输出 |
| 0 | 0 | 1 | 0 | 0 |
| 1 | 0 | 1 | 1 | 1 |
| 0 | 1 | 1 | 1 | 1 |
| 1 | 1 | 0 | 1 | 0 |

# 7.2　神经网络的运行原理

## 7.2.1　结构概述

　　尽管多层感知机具备处理复杂的函数的能力，然而它仍面临着不足之处，比如权重的设定依然需要由人工完成。而神经网络在这方面具有很大的优势，它可以从数据中自动学习到合适的权重。

　　神经网络的结构如图 7-10 所示，最左边的一层称为输入层，最右边的称为输出层，中间称为隐藏层，这是因为中间层发生了什么相对于输入层和输出层较难得知。图 7-10 的网络结构属于"全连接"方式，指两个相邻层之间神经元相互连接，但是同一层的神经元之间没有连接。

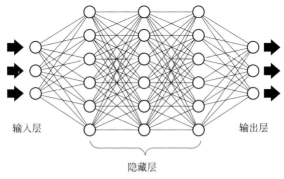

图 7-10　4 层神经网络结构

　　尽管图 7-10 中所示网络结构为 5 层，通常将输入层不视为真正意义上的层，因此也称图 7-10 为 4 层神经网络，每一个隐藏层上有 6 个神经元。通过增加隐藏层的数量以及每层的神经元个数，可以模拟出更为复杂的函数。

## 7.2.2　前向传播

　　为了了解神经网络的工作原理，我们利用一个简单的网络结构进行说明。图 7-11 是一个 2 层神经网络，每层神经网络上有 2 个神经元。其中神经元内标"1"的为偏置项。

　　假设现在有一组输入数据 $i_1$=0.7471 和 $i_2$=0.6748 与标签数据 $r_1$=0.2769 和 $r_2$=0.1749。此时，设置权重与阈值分别如下（一般情况下，初始参数随机生成）：

$w_1 = 0.7045, w_2 = 0.4632, w_3 = 0.8404, w_4 = 0.2049, b_1 = 0.7470;$
$w_5 = 0.1650, w_6 = 0.1248, w_7 = 0.7221, w_8 = 0.0305, b_2 = 0.0926。$

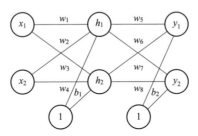

图 7-11　2 层神经网络结构

当数据 $i_1$ 和 $i_2$ 从输入层的 $x_1$ 和 $x_2$ 神经元向隐藏层传递时，需要与权重加权求和，然后进入到隐藏层的神经元当中，进入 $h_1$ 和 $h_2$ 神经元的数据可以表示为

$$输入_{h1} = w_1 \times i_1 + w_2 \times i_2 + b_1 \times 1$$
$$输入_{h2} = w_3 \times i_1 + w_4 \times i_2 + b_1 \times 1$$

因此，进入隐藏层的数据分别为：

$$输入_{h1} = 0.7045 \times 0.7471 + 0.4632 \times 0.6748 + 0.7470 \times 1 = 1.5859$$
$$输入_{h2} = 0.8404 \times 0.7471 + 0.2049 \times 0.6748 + 0.7470 \times 1 = 1.5131$$

当上面的输入进入到隐藏层的神经元后，在 $h_1$ 神经元中，输入 $_{h1}$ 要经过激活函数（Activation Function）的转换然后再输出。激活函数是神经元内的函数，一般为非线性函数。$h_1$ 和 $h_2$ 神经元的输出为"输出 $_{h1}$"和"输出 $_{h2}$"。

比较经典的激活函数之一是 Sigmoid 函数，它是神经网络中最常用的一种激活函数。公式如下：

$$f(x) = \frac{1}{1 + e^{-x}}$$

函数图像如图 7-12 所示。

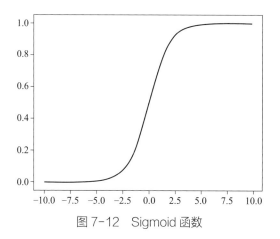

图 7-12　Sigmoid 函数

下面的代码给出了如何定义一个 Sigmoid 函数，并将数值映射到 0 和 1 的区间之内。

```
import numpy as np
def sigmoid(x):
    y = 1.0/(1+np.exp(-x))
    return y
x = np.array([1.5859,1.5131])
sigmoid(x)
```

结果如下：

```
array([0.83  , 0.8195])
```

Sigmoid 激活函数有着诸多的优点。首先，Sigmoid 激活函数为单调递增函数，并且可以取任何值；其次，它是以概率的形式输出结果，函数的值域为 (0,1)，不像阶跃函数只能返回 0 或 1，这个性质非常重要；最后，该函数的导数简单，$f'(x)=f(x)[1-f(x)]$。

激活函数种类较多，常用的还有 Relu 函数、tanh 函数等等，这里就不再赘述。激活函数发挥着重要的作用，它将输入进行了非线性的变换。正是诸多激活函数共同作用，从而让神经网络可以实现对复杂非线性关系的模拟。

通过 Sigmoid 激活函数的转换，可以分别得到以下的结果：

$$输出_{h1}=0.8300$$

$$输出_{h2}=0.8195$$

隐藏层的数据输出后经权重加权求和后继续向输出层传递，此时进入输出层 $y_1$ 和 $y_2$ 神经元的数据可以表示为：

$$输入_{y1}=w_5×输出_{h1}+w_6×输出_{h2}+b_2×1$$

$$输入_{y2}=w_7×输出_{h1}+w_8×输出_{h2}+b_2×1$$

将权重与相应的结果代入得：

$$输入_{y1}=0.1650×0.8300+0.1248×0.8195+0.0926×1=0.3318$$

$$输入_{y2}=0.7221×0.8300+0.0305×0.8195+0.0926×1=0.7169$$

因为输出层中的 $y_1$ 和 $y_2$ 神经元中也存在激活函数，因此还需要将输入 $_{y1}$ 和输入 $_{y2}$ 经激活函数转换后得到最终的输出 $o_1$ 和 $o_2$。

$$o_1=0.5822$$

$$o_2=0.6719$$

以上完成了神经网络的前向过程。通过前向过程，我们得到了一组输出的数据 $o_1$ 和 $o_2$。然而，通过这样一次前向过程使得输出的结果与实际结果相等的可能性是小之又小。在建模的时候，当然是希望输出的值与真实值之间的差距越小越好，这种差距就引出了损失函数的概念（Loss Function）。

损失函数也称代价函数（Cost Function），用来评价模型的输出值和真实值之间不一样的程度，输出值与真实值的差异可以作为衡量神经网络指标优劣的一个标准，差异越小模型的性能就越好。从损失函数这一概念上来看，此时的神经网络学习方式属于监督学习。

神经网络既可以解决回归问题，又可以解决分类问题。针对不同类型的问题，需要涉及不同的损失函数。回归问题需要用到均方误差损失函数，它通过计算输出值与实际值之间距离的平方来反映。分类问题则需要用到交叉熵（Cross Entropy）损失函数，它主要用来衡量概率分布间的差异，神经网络最终预测类别的分布概率与实际类别的分布概率差距越小，则模型越好。

## 7.2.3  反向传播

"反向传播"这个名称实际上来自弗兰克·罗森布拉特（Frank Rosenblatt）在 1962 年所使用的术语，因为他试图将感知机学习算法推广到多层情况❶。在20世纪60年代和70年代，有很多尝试试图将感知机学习过程推广到多个层次，但是没有一个特别成功。

保罗·沃伯斯（Paul Werbos）于 1974 年在博士学位论文《超越回归》（Beyond Regression）中提出了反向这一基本思想，并且证明在神经网络多加一层就能解决异或问题（XOR），但是当时正是神经网络的低估时期，因此并未受到重视❷。

1986 年，杰弗里·辛顿（Geoffrey Hinton）和大卫·鲁梅哈特（David Rumelhart）等学者提出了一种名为"反向传播（Backpropagation）"的神经网络训练方法，并发表在《自然》（*Nature*）期刊上❸。

当前向传播完成并得到误差后，此时的终点则变成了起点。

---

❶ Rosenblatt, F. (1962). Principles of Neurodynamics. New York: Spartan.

❷ Werbos, P. (1974). Beyond regression: New tools for prediction and analysis in the behavioral sciences. Unpublished dissertation, Harvard University

❸ Rumelhart, David E.; Hinton, Geoffrey E.; Williams, Ronald J. Learning representations by back-propagating errors. nature, 1986, 323.6088: 533-536.

神经网络利用误差反向传播算法将误差从输出层出发，从后向前传递给神经网络中的各个神经元，并且利用梯度下降（Gradient Descent）的方法对神经网络中的参数进行更新，从而得到一组新的参数。

当得到一组更新后的参数后，此时的神经网络继续从输入层开始前向传播，得到新的一轮误差，然后再进行误差反向传播。随着迭代的不断进行，最终误差将会越来越小，直到满足一定的终止条件时停止迭代，此时得到神经网络就是最终训练好的模型。

# 7.3　神经网络的参数说明与实践

## 7.3.1　参数与超参数

前文中已经讲述了神经网络的运行原理、激活函数与损失函数。我们知道，神经网络通过反向学习，可以自动调节权重、偏置等参数。然而在神经网络中，还有一些超参数（Hyperparameter）需要我们人为控制。比如在训练一个神经网络时，除了权重、偏置以外，下面的一些参数是需要我们了解的：

- 神经网络的层数（如输入层、隐藏层、输出层）；
- 每层神经元的个数；
- 激活函数的选择；
- 学习率；
- 终止条件。

面对一个数据集搭建神经网络时，首先要做的就是确定网络的层数，除去输入与输出层外，需要几个隐藏层？确定了隐藏层，又面临着各隐藏层需要设置多少个神经元。输入层与输出层的神经元个数，在监督学习中其实已经由数据的特征和标签决定了。

在网络层数与神经元个数确定后，激活函数的选择会影响模型的训练效果。之前已经对不同的激活函数进行了说明，这里就不再赘述。

学习率（Learning Rate）是优化算法中的一个调优参数，它决定了每次迭代的步长。步长影响新获取的信息在多大程度上超越旧信息。学习率设置较大，虽然收敛速度可能加快，然而有可能会造成在某些地方振荡而难以获得最优解；学习率设置较小，则会影响收敛的时间。学习率既可以设置成一个不变的常数，也可以设计成一个变化的函数。

神经网络训练的原理与之前介绍的其他机器学习算法一样，都需要考虑所有的训练数据。前面介绍的算法是针对单个训练样本更新权重得到的。然而，在 BP 算法实际操作的过程中，我们期望的参数是以所有训练数据的各自损失函数的总和最小作为目标进行的。

如果考虑 $m$ 个数据而不是单个数据，那么就需要将所有训练数据的损失函数求和，即：

$$E^m = \frac{1}{m} \sum_{i=1}^{m} E_i$$

其中，$E^m$ 表示考虑 $m$ 个数据后的平均损失函数，$E_i$ 代表上述单个数据训练时的损失函数误差。因此在训练时有两种方法：一种是每次只对单个样本数据更新参数；另一种则是读取所有训练集数据后再更新参数，两种方法各有利弊。

如果训练的数据量非常大，这种情况下对所有数据进行损失函数的计算是不现实的。因此需要选出部分数据进行训练。选出一组数据进行计算，这组数据通常称为小批量（Mini-batch）数据，这种利用一组组小批量数据进行学习的方式称为 Mini-batch 学习。

由于 BP 神经网络强大的表张能力，因此过拟合是影响模型泛化能力的重要因素之一。通常会采用早停（EarlyStopping）与正则化（Regularization）的方法防止过拟合。

## 7.3.2　解决分类与回归问题

回顾机器学习中监督学习的内容，如果输出的是离散型数值，解决的则是分类问题，如果输出的是连续型数值，则面对的是回归问题。

首先，我们看看如何利用神经网络解决分类问题。这里以鸢尾花分类为例，下面的代码给出了神经网络对鸢尾花数据的分类分析。

```python
from sklearn.datasets import load_iris
from sklearn.model_selection import train_test_split
from sklearn.neural_network import MLPClassifier

iris = load_iris()
X = iris.data
y = iris.target
X_train, X_test, y_train, y_test = train_test_split(X, y, test_size=0.3, random_state=0)

clf = MLPClassifier(solver='lbfgs', hidden_layer_sizes=(3, 3), random_state=1,max_iter=10000)
clf.fit(X_train, y_train)

train_score = clf.score(X_train, y_train)
test_score = clf.score(X_test, y_test)
print('训练集的准确率:%f'%train_score)
print('测试集的准确率:%f'%test_score)
```

结果显示：

```
训练集的准确率:1.000000
测试集的准确率:0.955556
```

MLPClassifier 中含有一些可以直接利用的参数，比如在"hidden_layer_sizes"中可以定义隐藏层的层数以及神经元个数，即括号中的第 i 个元素表示第 i 个隐藏层中的神经元数量。

激活函数方面，有"identity""logistic""tanh""relu"等几个选项，其中默认是 Relu 激活函数，"identity"实际上代表线性激活函数，即 $f(x)=x$。

求解方法上，默认是"adam"，它指的是一种基于梯度的随机优化器，也可以选择"lbfgs"，使用拟牛顿法 (Quasi-Newton Methods) 或"sgd"随机梯度下降法（Stochastic Gradient Descent）。默认求解器"adam"在相对较大的数据集（具有数千个或更多的训练样本）上工作得相当好。然而，对于小数据集，"lbfgs"可以收敛得更快，性能更好。

此外，还有关于学习率、正则化、小批量等方面的参数，这里就不一一介绍了，感兴趣的读者可以参看 Scikit-learn 官网中的相关说明。

下面将关注点转换到神经网络解决回归问题上，这里我们仍以鸢尾花数据为例。回忆下鸢尾花数据集的结构，共有 150 个样本，4 个由连续型数据构成的特征与 1 个离散型数据标签。四个特征分别是花萼长、花萼宽、花瓣长、花瓣宽，这里做一个简单的假设：花瓣宽与花萼长、花萼宽、花瓣长存在一定的关系。因此我们可以通过已知的花萼长、花萼宽、花瓣长去预测花瓣宽。

有一点需要注意，神经网络中使用了非线性激活函数，因此它们的关系与使用多元线性回归所建立的关系有所不同。另外，利用神经网络进行非线性回归时，由于函数关系复杂，可能并不像多元线性回归那样具备很好的可解释性。

神经网络解决回归问题的代码如下：

```
from sklearn.neural_network import MLPRegressor
```

```
from sklearn.datasets import make_regression
from sklearn.model_selection import train_test_split
from sklearn.datasets import load_iris
import matplotlib.pyplot as plt
%matplotlib inline
```
#### 默认设置下 matplotlib 图片清晰度不够，可以将图设置成矢量格式
```
%config InlineBackend.figure_format = 'svg'

# 导入数据
data = load_iris()
x = data.data
# x 取样本 X 的前三列作为特征，第四列作为标签进行回归分析
X = x[:, :3]
y = x[:,3]

X_train, X_test, y_train, y_test = train_test_split(X,
y, test_size=0.3, random_state=1)
regr = MLPRegressor(solver='lbfgs', hidden_layer_
sizes=(3,3), activation='logistic',
random_state=1, max_iter=50000).fit(X_train, y_train)
y_Pred = regr.predict(x_test)
y_Pred
```

结果显示:

```
array([0.11448089, 0.76016581, 1.31694627, 0.16997082,
       2.33877632,
       1.69922169, 1.73170508, 0.38950833, 0.29814011,
       2.09939707,
       1.42612193, 0.27776524, 2.08846939, 1.50240499,
       1.55964967,
       0.25096227, 1.20505992, 1.7057659 , 0.18818325,
       0.1534469 ,
```

```
1.54023369, 1.7600549 , 1.70203274, 0.19244414,
2.17349456,
1.35655014, 0.20122168, 0.25317115, 1.62966221,
1.63809351,
1.62202421, 2.06608566, 1.17316758, 1.99281028,
1.89553858,
0.21915147, 1.19917616, 0.1874062 , 1.44362208,
1.85282236,
1.96618383, 0.20539168, 1.50544496, 2.04791754,
1.43626779])
```

利用评估命令，我们可以查看模型得分情况，表 7-2 给出了回归模型的各种评价指标以及最优值，比如平均绝对误差指标越接近于 0，决定系数 $R^2$ 越接近于 1，说明模型预测效果越好。

表 7-2　Scikit-learn 回归模型的评价指标

| 评价指标 | 最优值 | sklearn 函数 |
| --- | --- | --- |
| 平均绝对误差 | 0 | sklearn.metrics.mean_absolute_error |
| 均方误差 | 0 | sklearn.metrics.mean_squared_error |
| 中值绝对误差 | 0 | sklearn.metrics.median_absolute_error |
| 可解释方差值 | 1 | sklearn.metrics.explained_variance_score |
| $R^2$ 值 | 1 | sklearn.metrics.r2_score |

通过导入相应的函数，对模型的预测结果进行评价，代码如下：

```
# 均方误差
from sklearn.metrics import mean_squared_error
MSE = mean_squared_error(y_test, y_pred)
# 决定系数
from sklearn.metrics import r2_score
R2 = r2_score(y_test, y_pred)
# 输出结果
```

```
print(" 均方误差: ",MSE)
print(" 决定系数: ",R2)
```

结果显示:

```
均方误差: 0.034427912085397715
决定系数: 0.931966623755362
```

从结果来看，均方误差较小，决定系数较大，说明模型对数据的解释能力较强。我们也可以画出预测值与真实值的对比图形，从可视化角度观察模型预测能力。

```
# 以折线图展示预测值与真实值
plt.figure()
plt.plot(range(len(y_pred)), y_pred, 'b')
plt.plot(range(len(y_pred)), y_test, ':r')
plt.show()
```

结果如图 7-13 所示。从图 7-13 可以看出，模型的预测结果与真实结果较为吻合。

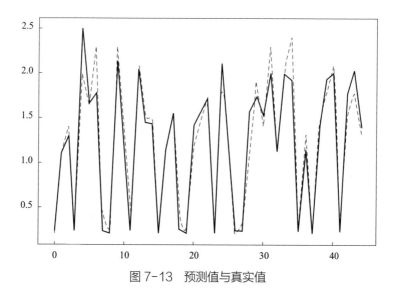

图 7-13 预测值与真实值

# 7.4 进阶：反向传播推导

在本章前面的内容中，我们得到了输出 $o_1=0.5822$ 和 $o_2=0.6719$，对应的标签值为 $r_1=0.2769$ 和 $r_2=0.1749$。这与标签值之间存在误差。

此时我们考虑的是回归问题，因此利用均方误差对误差进行衡量，结果如下：

$$E_{y1}=\frac{1}{2}(o_1-r_1)^2=\frac{1}{2}(0.5822-0.2769)^2=0.0466$$

$$E_{y2}=\frac{1}{2}(o_2-r_2)^2=\frac{1}{2}(0.6719-0.1749)^2=0.1235$$

$$E_{Total}=E_{y1}+E_{y2}=0.1701$$

有了误差后，就可以开始考虑更新权重了，以 $w_5$ 为例，我们现在要对其求偏导，即：

$$\frac{\partial E_{Total}}{\partial w_5}=\frac{\partial E_{Total}}{\partial o_1}\times\frac{\partial o_1}{\partial 输入_{y1}}\times\frac{\partial 输入_{y1}}{\partial w_5}$$

$$E_{Total}=E_{y1}+E_{y2}=\frac{1}{2}(o_1-r_1)^2+\frac{1}{2}(o_2-r_2)^2$$

$$\frac{\partial E_{Total}}{\partial o_1}=o_1-r_1=0.5822-0.2769=0.3053$$

$$o_1=\frac{1}{1+e^{-输入_{y1}}}$$

$$\frac{\partial o_1}{\partial 输入_{y1}}=o_1(1-o_1)=0.5822\times(1-0.5822)=0.2432$$

$$输入_{y1}=w_5\times输出_{h1}+w_6\times输出_{h2}+b_2\times1$$

$$\frac{\partial 输入_{y1}}{\partial w_5}=输出_{h1}=0.8300$$

$$\frac{\partial E_{Total}}{\partial w_5} = 0.3053 \times 0.2432 \times 0.8300 = 0.0616$$

$$w_5^+ = w_5 - \eta \times \frac{\partial E_{Total}}{\partial w_5} = 0.1650 - 0.5 \times 0.0616 = 0.1342$$

其中，$\eta$ 表示学习率，也称步长，这里我们设其为 0.5。

同理可得：

$$w_6^+ = 0.0944$$

$$w_7^+ = 0.6766$$

$$w_8^+ = -0.0144$$

我们再看权重 $w_1$：

$$\frac{\partial E_{Total}}{\partial w_1} = \frac{\partial E_{Total}}{\partial 输出_{h1}} \times \frac{\partial 输出_{h1}}{\partial 输入_{h1}} \times \frac{\partial 输入_{h1}}{\partial w_1}$$

$$\frac{\partial E_{Total}}{\partial 输出_{h1}} = \frac{\partial E_{y1}}{\partial 输出_{h1}} \times \frac{\partial E_{y2}}{\partial 输出_{h1}}$$

$$E_{y1} = \frac{1}{2}(o_1 - r_1)^2$$

$$o_1 = \frac{1}{1 + e^{-输入_{y1}}}$$

$$输入_{y1} = w_5 \times 输出_{h1} + w_6 \times 输出_{h2} + b_2 \times 1$$

$$\frac{\partial E_{y1}}{\partial 输出_{h1}} = \frac{\partial E_{y1}}{\partial o_1} \times \frac{\partial o_1}{\partial 输入_{y1}} \times \frac{\partial 输入_{y1}}{\partial 输出_{h1}}$$

$$\frac{\partial 输入_{y1}}{\partial 输出_{h1}} = w_5$$

$$\frac{\partial E_{y1}}{\partial 输出_{h1}} = (o_1 - r_1) \times o_1 \times (1 - o_1) \times w_5$$
$$= (0.5822 - 0.2769) \times 0.5822 \times (1 - 0.5822) \times 0.1650 = 0.0123$$

同理可得：

$$\frac{\partial E_{y2}}{\partial 输出_{h1}}=(o_2-r_2)\times o_2\times(1-o_2)\times w_7=0.0791$$

$$\frac{\partial E_{Total}}{\partial 输出_{h1}}=\frac{\partial E_{y1}}{\partial 输出_{h1}}\times\frac{\partial E_{y2}}{\partial 输出_{h1}}=0.0123+0.1096=0.0914$$

$$\frac{\partial 输出_{h1}}{\partial 输入_{h1}}=输出_{h1}\times(1-输出_{h1})=0.8300\times(1-0.8300)=0.1411$$

$$输入_{h1}=w_1i_1+w_3i_2+b_11$$

$$\frac{\partial 输入_{h1}}{\partial w_1}=i_1$$

$$\frac{\partial E_{Total}}{\partial w_1}=\frac{\partial E_{Total}}{\partial 输出_{h1}}\times\frac{\partial 输出_{h1}}{\partial 输入_{h1}}\times\frac{\partial 输入_{h1}}{\partial w_1}$$

$$=0.0914\times0.1411\times0.7471=0.0096$$

$$w_1^+=w_1-\eta\frac{\partial E_{Total}}{\partial w_1}=0.7045-0.5\times0.0096=0.6997$$

同理可得：

$$w_2^+=0.4589$$

$$w_3^+=0.8397$$

$$w_4^+=0.2043$$

最后，所有权重得到了更新，开始进入下一轮迭代。

# 附录 A
# Python 基础

# A.1 运算符

## A.1.1 基本算术运算符与数值型

Python 中数值型分为整数型（int 型）、浮点型（float 型）和复数型（complex）三种类型。在进行基本运算之前，我们先回顾下变量起名的基本规则：

- 可以使用字符，包含字母、数字和下画线；
- 区分大小写；
- 数字不能作为变量名开头。

```
x = 5    # 将 5 赋值给 x
y = 2    # 将 2 赋值给 y
```

基本算术运算符按照优先级从高到低的顺序表示如下：

```
x ** y   # 幂运算，即求 x 的 y 次方的值
```
```
25
```

```
x * y # 乘
```
```
10
```

```
x / y # 除
```
```
2.5
```

```
x // y   # 求 x 除以 y 的整数值
```
```
2
```

```
x % y   # 求 x 除以 y 的余数
```

```
1
```

```
x + y # 加
```

```
7
```

```
x - y # 减
```

```
3
```

## A.1.2　关系运算符、逻辑运算符与布尔型

布尔型，又称逻辑型，包含真和假两个值，如果为真则为 True，如果是假则为 False，在 Python 中分别用 1 和 0 表示。接上例，$x$ 和 $y$ 分别被赋 5 和 2。下文给出了关系运算的结果。

```
x < y   # 小于运算符
```

```
False
```

```
x > y   # 大于运算符
```

```
True
```

```
x <= y   # 小于运算符
```

```
False
```

```
x >= y   # 大于运算符
```

```
True
```

```
x == y   # 相等运算符
```

```
False
```

```
x != y   #   不等于运算符
```

```
True
```

表 A-1 给出了一般情况下的逻辑与和逻辑或各自的运算结果。

表 A-1　逻辑与和逻辑或的真值表

| x | y | x and y | x or y |
|---|---|---------|--------|
| 真 | 真 | 真 | 真 |
| 真 | 假 | 假 | 真 |
| 假 | 真 | 假 | 真 |
| 假 | 假 | 假 | 假 |

当为逻辑非时，则意味着如果 $x$ 为真，则结果为 False；如果 $x$ 为假，则结果为 True。接上例，$x$ 和 $y$ 分别被赋 5 和 2。下面给出了逻辑运算的结果。

```
x != y and x >= y   # and 前后两个语句均为真
```

```
True
```

```
x != y and x <= y    # and 前语句均为真，and 后语句为假，有
一个为假则结果为假
```

```
False
```

```
x != y or x <= y     # or 前语句均为真，or 后语句为假，有一
个为真则结果为真
```

```
True
```

```
not x <= y   #  结果与 not 后的语句结果相反
```

```
True
```

## A.2 字符串与数据结构

### A.2.1 字符串

输入"s=input(" 输入: ")"（如图 A-1 所示），会在"输入"后出现一个输入数据的框。

```
1  s = input("输入: ")
```
输入: ☐

图 A-1　输入字符

当在框内输入数据"123"后（如图 A-2 所示），利用 type( ) 函数可以得知变量 $s$ 的类型为字符串（str 型）。

```
1  s = input("输入: ")
```
输入: 123

```
1  type(s)
```
str

图 A-2　显示数据类型

字符串是由零个或多个字母、数字或其他符号组成的有序集合。在 Python 中，单引号、双引号或者三个单引号括起来的数据类型为字符串，单引号、双引号并没有区别。

```
str = " 你好, Python"  # 定义一个字符串
str[1]  #   # 给出第 2 个字符
```

```
'好'
```

字符串不能修改，当输入下面的内容希望能将第 4 个字符改成"3"时，则出现报错。

　数据科学：机器学习如何数据掘金

```
str = "Hello World！"
str[3] = 3

TypeError: 'str' object does not support item
assignment
```

## A.2.2 列表

列表是由零个或者多个数据对象形成的有序集合，用方括号表示，括号内用逗号进行分隔，与字符串不同的是，列表可以被修改。列表的对象类型是 list 型。

可用通过以下方式创建列表并利用 print( ) 函数给出结果：

```
list1 = []      #创建一个空列表
list2 = [1,2,3,4,5,6,7,8,9,0]  #创建一个数字列表
list3 = [" 人工智能 "," 机器学习 "]  #创建一个字符列表
list4 = [1,2,3,4,5," 人工智能 "," 机器学习 "] #创建数字加字
符的列表
print(list1)
print(list2)
print(list3)
print(list4)

[]
[1, 2, 3, 4, 5, 6, 7, 8, 9, 0]
[' 人工智能 ', ' 机器学习 ']
[1, 2, 3, 4, 5, ' 人工智能 ', ' 机器学习 ']
```

前文中的字符串无法修改，当我们利用 list( ) 函数将字符串列表后，可以将列表中的第 4 个元素"l"替换成"3"。

```
str = "Hello World!"
l = list(str)
print(l)
print(len(l))   # 显示列表的长度
```

```
l[3] = 3   #  将列表中第 4 个元素替换成 “3”
print(l)
l.append('!')   #  在列表最后插入新元素
print(l)
l.remove(3)   #  删除列表中的指定元素
print(l)
l.insert(3,'l')   #  在指定位置插入元素
print(l)
```

```
['H', 'e', 'l', 'l', 'o', ' ', 'W', 'o', 'r', 'l', 'd', '!']
12
['H', 'e', 'l', 3, 'o', ' ', 'W', 'o', 'r', 'l', 'd', '!']
['H', 'e', 'l', 3, 'o', ' ', 'W', 'o', 'r', 'l', 'd', 'l', '!']
['H', 'e', 'l', 'o', ' ', 'W', 'o', 'r', 'l', 'd', '!', '!']
['H', 'e', 'l', 'l', 'o', ' ', 'W', 'o', 'r', 'l', 'd', '!', '!']
```

## A.2.3　元组

元组是将元素按照顺序组合后形成的，它的对象是 tuple 型数据。与列表不同，元组内容无法改变，另一点与列表不同之处在于列表使用方括号 "[]"，而元组使用圆括号 "( )"。

```
tup = (1,2,3,4,5,6,7,8,9)     #创建一个数字元组
list_1 = list(tup)      #将元组转化为列表
print(list_1)
print(type(tup))
print(type(list_1))
print(tup[0:5])   #  读取元组中第 1 至第 5 个元素
print(list_1[0:5])   #  读取列表中第 1 至第 5 个元素
```

结果显示：

```
[1, 2, 3, 4, 5, 6, 7, 8, 9]
<class 'tuple'>
```

```
<class 'list'>
(1, 2, 3, 4, 5)
[1, 2, 3, 4, 5]
```

## A.2.4　字典

字典与之前介绍过的列表和元组完全不同，字典属于无序结果，是由相关的元素对构成的，元素对由键（Key）和值（Value）组成，常记为"键：值"的形式，即键与值用单引的冒号隔开。字典是 dict 型数据，由"{}"以及逗号分隔开的键值构成。

```
# 使用字符串作为键
dict1 = {" 人工智能通识":100, " 机器学习 ": 96, " 深度学习 ":
88}
print(dict1)
# 使用 get 方法获取对应键的值
print(dict1.get(" 机器学习 "))
# 使用元组作为键
dict2 = {(" 机器学习 "," 深度学习 "): " 需要编程 "}
print(dict2)
# 使用数字作为键
dict3 = {100.6:[1,2,3,4,5]}
print(dict3)
# 插入键值对
dict1[" 强化学习 "] = 90
print(dict1)
```

结果显示：

```
{' 人工智能通识 ': 100, ' 机器学习 ': 96, ' 深度学习 ': 88}
96
{(' 机器学习 ', ' 深度学习 '): ' 需要编程 '}
{100.6: [1, 2, 3, 4, 5]}
```

```
{' 人工智能通识 ': 100, ' 机器学习 ': 96, ' 深度学习 ': 88, '
强化学习 ': 90}
```

# A.3   控制结构

算法中有两个重要的控制结构用来实现分支与迭代。对于分支与迭代，下文中将分别对 if 语句、while 语句以及 for 语句进行回顾。

## A.3.1   if 语句

if 语句根据是否满足给定的条件来决定是否执行操作。下面的代码中，首先通过导入 random 库，随机生成一个 0 ~ 100（含）的整数，然后对这个整数进行判别，如果该整数大于 60，则显示"及格"与生成的整数。

```
import random
score = random.randint(0, 101)
if score > 60:
    print(" 及格 :%d" % score)
else:
    print(" 不及格 :%d" % score)
```

结果显示：

```
及格 :98
```

在 if 语句中，分支也可以内部再嵌入分支语句。当出现多个分支时，可以利用 elif 语句，它是 else if 的缩略形式。

```
import random
score = random.randint(0, 101)
if score < 60:
```

```
        print(" 不及格 :%d"%score)
else:
    if score < 80:
        print(" 及格 :%d"%score)
    elif score < 90:
        print(" 良好 :%d"%score)
    elif score ==100:
        print(" 满分 :%d"%score)
    else:
        print(" 优秀 :%d"%score)
```

结果显示：

优秀 :95

## A.3.2　while 语句

while 语句是 Python 中实现迭代结构的语句之一。程序在每次重复执行时会先判断 while 语句中的条件表达式，当满足条件表达式时才会继续执行程序。

下面的这段程序给出了从 1 加到 100 的代码：

```
i = 1
sum = 0
# 当 i 小于 101 时，会一直执行循环语句
while i < 101:
    sum += i
    i += 1
print(sum)
```

结果显示：

5050

在这段程序中，i=1 和 sum=0 是求和前的准备。将用来存放求和结果的变量 sum 的值设置为 0，用于控制循环的变量 i 的值设置为 1。因此，当变量 i 的值只要小于 101，程序就不断增加 i 的同时重复执行循环语句。

## A.3.3　for 语句

与 while 语句相同，for 语句也可以用来控制程序中的循环结构。

下面的代码，利用 range(n) 函数可以生成 0,1,2,⋯,$n-1$ 数字序列。$i$ 这种变量用于控制循环，因此也被称为计数变量。

```
for i in range(5):
    print(" 编号 ",i)
```

```
编号 0
编号 1
编号 2
编号 3
编号 4
```

for 语句也可以结合 continue 和 break 语句进行某些循环迭代。

```
for x in range(20):
    if x%2 == 1:
        continue
    if x >16:
        break
    print(x)
```

结果显示：

```
0
2
4
```

```
6
8
10
12
14
16
```

上面的程序在从 0 到 19 的数值中进行处理，如果余数等于 1，则不执行直接跳过进行下次迭代，另外，当数值大于 16 时循环终止结束操作。

## A.3.4　多重循环

如果在循环结构中内嵌循环，则能实现二重或多重循环。

```python
for i in range(1,10):
    for j in range(1,i+1):
        product = i*j
        print("%d×%d=%-2d"%(i,j,product),end = "" )
    print()
```

结果显示:

```
1×1=1
2×1=2   2×2=4
3×1=3   3×2=6   3×3=9
4×1=4   4×2=8   4×3=12  4×4=16
5×1=5   5×2=10  5×3=15  5×4=20  5×5=25
6×1=6   6×2=12  6×3=18  6×4=24  6×5=30  6×6=36
7×1=7   7×2=14  7×3=21  7×4=28  7×5=35  7×6=42  7×7=49
8×1=8   8×2=16  8×3=24  8×4=32  8×5=40  8×6=48  8×7=56  8×8=64
9×1=9   9×2=18  9×3=27  9×4=36  9×5=45  9×6=54  9×7=63  9×8=72
9×9=81
```

# A.4　定义函数

在程序编写中，可能需要不断重复实现某种功能，针对这样的情况，我们往往希望能够将其涉及的代码形成一个"零件"，以便以后方便调入，这种"零件"也被称为函数。函数是提前准备、重复使用、实现某类功能的代码。

在 Python 中，可以见到不少函数，比如之前介绍的 input() 函数、print() 函数等，这些都是 Python 内置的函数。当然，也可以根据需要创建属于自己的函数，这种函数被称为自定义函数。

函数的定义涉及函数名、参数和函数体。这里以定义一个已知三角形的三边长求面积的函数为例。已知三角形三边分别为 $a$、$b$、$c$，根据海伦公式，三角形面积公式如下：

$$S=\sqrt{p(p-a)(p-b)(p-c)}$$

其中，$p=(a+b+c)/2$。

```python
def A_Triangle(a,b,c):
    p = (a+b+c)/2
    area =(p*(p-a)*(p-b)*(p-c))**0.5
    print(area)
```

定义好函数后，如果已知三边就可以调用该函数得到三角形面积。

```python
A_Triangle(1,1,1)
```

结果显示：

```
0.4330127018922193
```

# 导数与代数基础

# B.1 导数

导数（Derivative）是微积分学中的一个概念。函数在某一点的导数是指这个函数在这一点附近的变化率。导数的本质是通过极限的概念对函数进行局部的线性逼近。

函数 $y=f(x)$ 在 $x_0$ 到 $x_1$ 之间的平均变化率为

$$\frac{f(x_1)-f(x_0)}{x_1-x_0}$$

当 $x_1 \to x_0$ 时，如果极限

$$\lim_{x_1 \to x_0} \frac{f(x_1)-f(x_0)}{x_1-x_0}$$

存在，则这个极限称为 $y=f(x)$ 在 $x_0$ 的导数，也表示为 $f'(x_0)$。

如果利用增量的形式表示，即 $x_1-x_0 = \Delta x, f(x_1)-f(x_0) = \Delta y$，则导数也可以表示如下：

$$f'(x_0) = \lim_{\Delta x \to 0} \frac{f(x_0+\Delta x)-f(x_0)}{\Delta x} = \lim_{\Delta x \to 0} \frac{\Delta y}{\Delta x}$$

因此，导数是函数局部的概念，函数不一定在所有的点上都具有导数。此外，函数在某点的几何意义就是其所代表的曲线在这一点上的切线斜率。

利用 Sympy 库很容易计算导数，在 jupyter 命令行中输入 "pip install sympy" 即可完成安装。基本初等函数导数求解如图 B-1 所示。

```
from sympy import *
x = symbols("x")
diff(sin(x),x)
```

```
diff(cos(x),x)
```

$$-\sin(x)$$

```
diff(x**a,x)
```

$$\frac{ax^a}{x}$$

```
diff(x**5,x)
```

$$5x^4$$

```
diff(a**x,x)
```

$$a^x \log(a)$$

```
diff(log(x),x)
```

$$\frac{1}{x}$$

```
diff(exp(x),x)
```

$$e^x$$

图 B-1　初等函数求导

```
from sympy import *
x = symbols("x")
y = 1/(1+exp(-x))
ds1 = diff(y,x)
print(ds1)
print(ds1.evalf(subs={x:0}))
```

结果显示:

```
exp(-x)/(1 + exp(-x))**2
0.250000000000000
```

上述代码中对结果使用了 print( ) 函数，因此与图 B-1 中直接以公式呈现的方式不同。

二阶导数简单地说，就是对函数求导后再求导，二阶导数再求导就为三阶导数，以此类推，（ $n-1$ ）阶的导数叫作 $n$ 阶导数，二阶及二阶以上的导数统称为高阶导数。

```
from sympy import *
x = symbols("x")
f = log(1+x)
print(diff(f,x))   # 导数
print(diff(f,x,2))        # 二阶导数
print(diff(f,x,3))        # 三阶导数
print(diff(f,x,4))        # 四阶导数
```

结果显示：

```
1/(x + 1)
-1/(x + 1)**2
2/(x + 1)**3
-6/(x + 1)**4
```

在一些算法当中，比如神经网络的反向传播，会涉及偏导数（Partial Derivative）的概念。偏导数针对的是多元函数，是对其中一个变量进行求导，而其他的变量视为恒定，因此仍可以从某种意义上视为一元函数求导的问题。

```
from sympy import *
from sympy.abc import x,y,f
f = x**3 + 2 * x**2 * y**2 + y**3
df_x = diff(f,x)   # 对 x 求偏导
df_y = diff(f,y)    # 对 y 求偏导
df_x_y = diff(df_x,y)
df_y_x = diff(df_y,x)
```

```
df_x_x = diff(df_x,x)
df_y_y = diff(df_y,y)

print(" 偏导 df_x 为 :\n",df_x)
print(" 偏导 df_x 为 :\n",df_y)
print(" 二阶偏导 df_x_y( 混合偏导 ) 为 :\n",df_x_y)
print(" 二阶偏导 df_y_x( 混合偏导 ) 为 :\n",df_y_x)
print(" 二阶偏导 df_x_x 为 :\n",df_x_x)
print(" 二阶偏导 df_y_y 为 :\n",df_y_y)
print(" 偏导 df_x 为在 x=2,y=3 时的值为 :\n",df_x.evalf(subs
= {x:2,y:3}))
```

结果显示：

```
偏导 df_x 为 :
 3*x**2 + 4*x*y**2
偏导 df_x 为 :
 4*x**2*y + 3*y**2
二阶偏导 df_x_y( 混合偏导 ) 为 :
 8*x*y
二阶偏导 df_y_x( 混合偏导 ) 为 :
 8*x*y
二阶偏导 df_x_x 为 :
 6*x + 4*y**2
二阶偏导 df_y_y 为 :
 4*x**2 + 6*y
偏导 df_x 为在 x=2,y=3 时的值为 :
 84.0000000000000
```

# B.2 向量

在人工智能领域中，向量与矩阵可以说是无所不在。其实，它们存在于更加广泛的领域中。了解向量先从有向线段开始。从起点指向终点线段，因为其具有方向也被称为有向线段（Directed Line Segment）。有向线段的三要素表现为：（起点）位置，（终点）方向以及（线段长度）大小。向量就是具有方向与大小的量。

图 B-2 是向量的坐标表示，也就是将向量的起点放在坐标的原点处，向量 **a** 和 **b** 为：

$$a=\begin{bmatrix}2\\1\end{bmatrix};\quad b=\begin{bmatrix}1\\2\end{bmatrix}$$

向量的长度称为向量的大小，一般用 |**a**| 和 |**b**| 表示，此时 $|a|=\sqrt{2^2+1^2}=\sqrt{5}$，$|b|=\sqrt{1^2+2^2}=\sqrt{5}$。

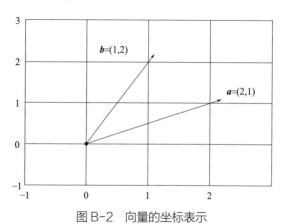

图 B-2　向量的坐标表示

利用 NumPy 库，可以很容易实现对向量的描述，比如输入

```
import numpy as np
v = np.array([1,2,3,4,5])
print(v)
print(v.shape)
```

**结果如下：**

```
[1 2 3 4 5]
(5,)
```

上述这种方式尽管可以定义一个向量，然而执行某些向量操作时会显得比较烦琐。因此，可以通过如下定义矩阵的方式定义一个行向量。

```
import numpy as np
v = np.array([[1,2,3,4,5]])
print(v)
print(v.shape)
```

结果如下：

```
[[1 2 3 4 5]]
(1, 5)
```

通过转置（Transpose）操作，可以将行向量转换为列向量，同理也可以将列向量转换为行向量。下面的代码将上文中的行向量"v"通过转置变为列向量"v_t"，然后再次转置将列向量"v_t"转置成行向量"v"。

```
import numpy as np
v_t = v.T   # 转置
print(v_t)
print(v_t.shape)
print(v_t.T)
```

结果如下：

```
[[1]
 [2]
 [3]
 [4]
 [5]]
(5, 1)
[[1 2 3 4 5]]
```

向量的长度可以利用 np.linalg.norm( ) 函数求得。

```
import numpy as np
a = np.array([[2,1]])
np.linalg.norm(a)
```

结果显示：

```
2. 23606797749979
```

如果向量 *a* 和 *b* 相加或相减，用几何的方法如何表示呢?

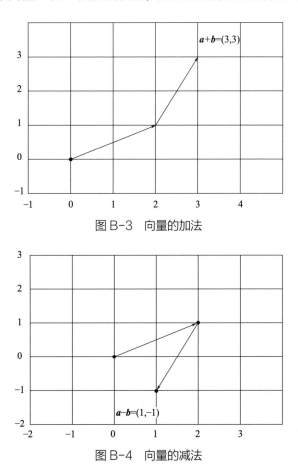

图 B-3　向量的加法

图 B-4　向量的减法

图 B-3 和图 B-4 中给出了向量 $a$ 和 $b$ 的相加和相减，向量的加减还可以用下面的形式进行表示：

$$a+b=\begin{bmatrix}2\\1\end{bmatrix}+\begin{bmatrix}1\\2\end{bmatrix}=\begin{bmatrix}2+1\\1+2\end{bmatrix}=\begin{bmatrix}3\\3\end{bmatrix}$$

$$a-b=\begin{bmatrix}2\\1\end{bmatrix}-\begin{bmatrix}1\\2\end{bmatrix}=\begin{bmatrix}3-2\\1-3\end{bmatrix}=\begin{bmatrix}1\\-2\end{bmatrix}$$

维度相同的向量可以执行加减运算，向量加减法的代码如下：

```
import numpy as np
v1 = np.array([[1,2,3]]).T
v2 = np.array([[4,5,6]]).T
print(v1+v2)
print(v2-v1)
```

结果如下：

```
[[5]
 [7]
 [9]]
[[3]
 [3]
 [3]]
```

上面介绍了向量的加减法，那么向量之间的积如何表示？如图 B-5 所示，假设向量 $a$ 和 $b$ 之间夹角为 $\theta$，向量之间的积，即内积可以表示如下：

$$a \cdot b=|a| \cdot |b|\cos\theta$$

向量之间的内积还可以以下面的方式得到：

$$a \cdot b=a_1b_1+a_2b_2=2\times1+1\times2=4$$

注意，向量内积后会得到一个数字，而不再是向量，称这个数字为**标量**。这种内积的方式无处不在，以人工智能中的神经

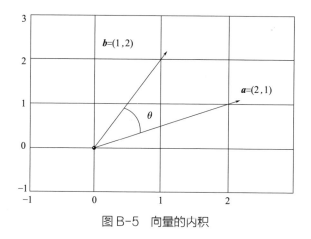

图 B-5　向量的内积

元为例，当存在输入 $x_1, x_2, \cdots, x_n$ 时，可以表达为 $z = w_1 x_1 + w_2 x_2 + \cdots + w_n x_n + b$，其中 $w_1, w_2, \cdots, w_n$ 为权重，$b$ 为偏置，如图 B-6 所示。

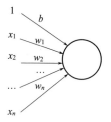

图 B-6　神经元的输入

如果用向量 $\boldsymbol{w} = (w_1, w_2, \cdots, w_n)$ 和 $\boldsymbol{x} = (x_1, x_2, \cdots, x_n)$ 表示权重和输入，可以将上述的输入写为内积形式：

$$z = \boldsymbol{w} \cdot \boldsymbol{x} + b$$

向量的内积本质上是两组维数相同的向量对应元素乘积的求和，但是如果用之前定义向量 "np.array([[1,2,3,4,5]])" 这样的方式计算内积会出现结果错误，因为这样定义向量的方式属于矩阵运算，而矩阵运算则有自己的运算规则。可以通过以下代码求得两个向量的内容：

```
import numpy as np
v1 = np.array([1,2,3])
v2 = np.array([4,5,6])
print(np.dot(v1,v2))
```

结果如下：

```
32
```

# B.3　矩阵

不知大家是否看过《黑客帝国》的系列电影，它的英文名为 Matrix，中文为矩阵。在电影中，Matrix 是一个由人工智能创建、模拟人类世界以控制人类的一套复杂仿真系统。尽管这非常科幻，甚至颇有奇点到来后的科幻之风，然而在现实世界中，人们确实无时无刻不在与矩阵密切接触。

20 世纪 40 年代末期，哈佛大学教授瓦西里·列昂惕夫（Wassily Leontief）将美国经济分为 500 个部门，收集了 25 万余条数据，建立了含 500 个未知数的 500 个方程的方程组[1]。但由于受限于当时的计算能力，最终只好将问题简化成含有 42 个未知数的 42 个方程构成的方程组。

如今得益于算力的增加，研究人员可以研究非常复杂的问题，矩阵运算也在发挥着重要的作用，在数据科学、人工智能等领域中的作用更是举足轻重。这部分的内容，就是简要介绍什么是矩阵及其运算的一些内容。

---

[1] 瓦西里·列昂惕夫是一位俄裔美国经济学家，二十世纪经济学核心开创者和塑造者之一，提出了投入产出模型。因研究一个经济部门的变化如何对其他部门产生影响而闻名，于 1973 年获得诺贝尔经济奖。

矩阵 (Matrix) 是关于数字的排列。比如:

$$A = \begin{bmatrix} 1 & 4 & 7 & 10 \\ 2 & 5 & 8 & 11 \\ 3 & 6 & 9 & 12 \end{bmatrix}$$

横排称为行,竖排称为列。上面这个矩阵是由 3 行 4 列构成的,因此该矩阵就是 $3 \times 4$ 的矩阵。如果行数与列数相等,则称为方阵 (Square Matrix)。

用更一般的形式表示矩阵:

$$A = \begin{bmatrix} a_{11} & \cdots & a_{1n} \\ \vdots & \ddots & \vdots \\ a_{m1} & \cdots & a_{mn} \end{bmatrix}$$

此时矩阵 $A$ 为 $m$ 行 $n$ 列的矩阵。在矩阵中,处于第 $i$ 行第 $j$ 列的 $a_{ij}$ 称为元素。矩阵的加减法只需将各个对应元素相加和相减即可,比如矩阵 $A$ 与矩阵 $B$ 的加法和减法分别为:

$$B = \begin{bmatrix} 1 & 2 & 3 & 5 \\ 1 & 1 & 5 & 8 \\ 1 & 2 & 4 & 3 \end{bmatrix}$$

$$A + B = \begin{bmatrix} 1 & 4 & 7 & 10 \\ 2 & 5 & 8 & 11 \\ 3 & 6 & 9 & 12 \end{bmatrix} + \begin{bmatrix} 1 & 2 & 3 & 5 \\ 1 & 1 & 5 & 8 \\ 1 & 2 & 4 & 3 \end{bmatrix} = \begin{bmatrix} 2 & 6 & 10 & 15 \\ 3 & 6 & 13 & 19 \\ 4 & 8 & 13 & 15 \end{bmatrix}$$

$$A - B = \begin{bmatrix} 1 & 4 & 7 & 10 \\ 2 & 5 & 8 & 11 \\ 3 & 6 & 9 & 12 \end{bmatrix} - \begin{bmatrix} 1 & 2 & 3 & 5 \\ 1 & 1 & 5 & 8 \\ 1 & 2 & 4 & 3 \end{bmatrix} = \begin{bmatrix} 0 & 2 & 4 & 5 \\ 1 & 4 & 3 & 3 \\ 2 & 4 & 5 & 9 \end{bmatrix}$$

利用输入元素的形式直接定义矩阵 $A$ 和矩阵 $B$,代码如下:

```
import numpy as np
A = np.array([[1,4,7,10],
              [2,5,8,11],
              [3,6,9,12]])
```

```
B = np.array([[1,2,3,5],
              [1,1,5,8],
              [1,2,4,3]])
print(A)
print(B)
```

结果显示：

```
[[ 1  4  7 10]
 [ 2  5  8 11]
 [ 3  6  9 12]]
[[1 2 3 5]
 [1 1 5 8]
 [1 2 4 3]]
```

矩阵求和代码如下：

```
import numpy as np
print(A+B)
print(A-B)
```

结果如下：

```
[[ 2  6 10 15]
 [ 3  6 13 19]
 [ 4  8 13 15]]
[[0 2 4 5]
 [1 4 3 3]
 [2 4 5 9]]
```

矩阵的乘法有一些需要注意的地方，比如上面的矩阵 $A$ 与矩阵 $B$ 无法直接相乘，相乘的条件是左边矩阵的列数要与右边矩阵的行数相等。比如，输入如下的代码执行矩阵乘法时：

```
import numpy as np
print(np.dot(A,B))
```

则会出现如下错误结果：

```
ValueError: shapes (3,4) and (3,4) not aligned: 4 (dim
1) != 3 (dim 0)
```

因此，在进行矩阵乘法时，需要将矩阵 $B$ 转置后再计算矩阵乘法，即将矩阵的行列向量互换得到转置矩阵（TransposedMatrix），这样就符合矩阵乘法要求。

$$B^{\mathrm{T}} = \begin{bmatrix} 1 & 1 & 1 \\ 2 & 1 & 2 \\ 3 & 5 & 4 \\ 5 & 8 & 3 \end{bmatrix}$$

矩阵 $A$ 和 $B^{\mathrm{T}}$ 的乘积为

$$C = AB^{\mathrm{T}} = \begin{bmatrix} 1 & 4 & 7 & 10 \\ 2 & 5 & 8 & 11 \\ 3 & 6 & 9 & 12 \end{bmatrix} \begin{bmatrix} 1 & 1 & 1 \\ 2 & 1 & 2 \\ 3 & 5 & 4 \\ 5 & 8 & 3 \end{bmatrix} = \begin{bmatrix} 80 & 120 & 67 \\ 91 & 135 & 77 \\ 102 & 150 & 87 \end{bmatrix}$$

两个矩阵相乘后，矩阵 $C$ 的行数则为左边矩阵 $A$ 的行数，列数则为右边矩阵 $B^{\mathrm{T}}$ 的列数。这里对计算的过程做一个简单说明。图 B-7 所示为矩阵 $A$ 的第 1 行与矩阵 $B^{\mathrm{T}}$ 的第 1 列做内积，即图 B-7（a）的 "1|1"，因此矩阵 $C$ 的第一行第一列的元素为 80。

图 B-7　矩阵的乘法

同理，图 B-7（b）给出了矩阵 $A$ 的第 2 行与矩阵 $B^{\mathrm{T}}$ 的第 3 列做内积，如图中的 "2|3" 所示，矩阵 $C$ 的第 2 行第 3 列的元素为 77。

利用 NumPy 很容易求得两个矩阵的乘积：

```
import numpy as np
print(np.dot(A,B.T))
```

结果如下：

```
[[ 80 120  67]
 [ 91 135  77]
 [102 150  87]]
```

从上面的结果可以看出矩阵相乘后得到矩阵的结构可以表示如下：

$$A_{mn}B_{np} = C_{mp}$$

其中，$A_{mn}$ 代表矩阵 $A$ 是一个 $m \times n$ 的矩阵。

矩阵的乘法其实就是一个从 $\mathbb{R}^n$ 到 $\mathbb{R}^m$ 的线性映射，而多个矩阵相乘其实就是一种复合的线性映射。比如，要将空间的点 $(x,y,z)$ 投影到 $xy$ 坐标平面上，完成从三维映射到二维的变换，如图 B-8 所示，则需要左乘一个矩阵，表达式如下：

$$\begin{bmatrix} 1 & 0 & 0 \\ 0 & 1 & 0 \\ 0 & 0 & 0 \end{bmatrix} \begin{bmatrix} x \\ y \\ z \end{bmatrix} = \begin{bmatrix} x \\ y \\ 0 \end{bmatrix}$$

下面的例子说明，坐标点的向量左乘矩阵 $A = \begin{bmatrix} 1 & 3 \\ 0 & 1 \end{bmatrix}$，就可以实现平面上图形的剪切变化，如图 B-9 所示。

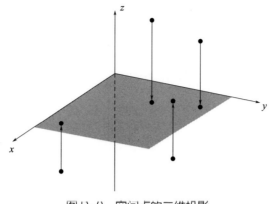

图 B-8　空间点的二维投影

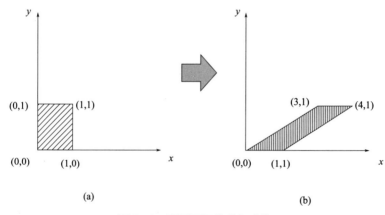

图 B-9　阴影面积的剪切变换

$\begin{bmatrix} 1 & 0 \\ 0 & -1 \end{bmatrix}$, $\begin{bmatrix} -1 & 0 \\ 0 & 1 \end{bmatrix}$, $\begin{bmatrix} 0.5 & 0 \\ 0 & 1 \end{bmatrix}$, $\begin{bmatrix} 2 & 0 \\ 0 & 1 \end{bmatrix}$ 这四个矩阵分别可以实现关于 $x$ 轴对称、关于 $y$ 轴对称、水平压缩与水平拉伸。感兴趣的读者可以自己尝试。

　　在线性代数中，行列式 (determinant) 也是一个重要的概念，是计算方阵（行数与列数相等的矩阵）得到的标量。行列式与矩阵相关，可以描述一些矩阵的性质。

```
import numpy as np
C = np.mat("2 3; 1 4")   # 定义方阵
print(C)
print(format(np.linalg.det(C),".8f"))
```

结果如下：

```
[[2 3]
 [1 4]]
5.00000000
```

附录 C

# 腾讯扣叮 Python 实验室：
# Jupyter Lab 使用说明

本书中展示的代码及运行结果都是在 Jupyter Notebook 中编写并运行的，并且保存后得到的是后缀名为 ipynb 的文件。

Jupyter Notebook（以下简称 jupyter），是 Python 的一个轻便的解释器，它可以在浏览器中以单元格的形式编写并立即运行代码，还可以将运行结果展示在浏览器页面上。除了可以直接输出字符，还可以输出图表等，使得整个工作能够以笔记的形式展现、存储，对于交互编程、学习非常方便。

一般安装了 Anaconda 之后，jupyter 也被自动安装了，但是它的使用还是较为复杂，也比较受电脑性能的制约。为了让读者更方便地体验并使用本书中的代码，在此介绍一个网页版的 jupyter 环境，也就是腾讯扣叮 Python 实验室人工智能模式的 Jupyter Lab，如图 C-1 所示。

图 C-1　Python 实验室欢迎页插图

人工智能模式的 Jupyter Lab 将环境部署在云端，以云端能力为核心，利用腾讯云的 CPU/GPU 服务器，将环境搭建、常见库安装等能力预先部署，可以为使用者省去不少烦琐的环境搭建时间。Jupyter Lab 提供脚本与课件两种状态，其中脚本状态主要以 py 格式文件开展，还原传统 Python 程序场景，课件状态属于 Jupyter 模式（图文＋代码），如图 C-2 所示。

图 C-2　Jupyter Lab 的单核双面

打开网址后，会看到图 C-3 所示的启动页面，需要先点击右

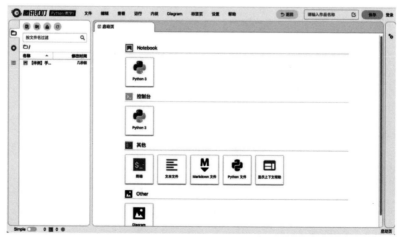

图 C-3　腾讯扣叮 Python 实验室 Jupyter Lab 启动页面

上角的登录，不需要提前注册，使用 QQ 或微信都可以扫码进行登录。登录后可以正常使用 Jupyter Lab，而且也可以将编写的程序保存在头像位置的个人中心空间内，方便随时随地登录调用。想要将程序保存到个人空间，在右上角输入作品名称，再点击右上角的"保存"按钮即可。

在介绍完平台的登录与保存之后，接下来介绍如何新建文件、上传文件和下载文件。想要新建一个空白的 ipynb 文件，可以点击图 C-4 启动页 Notebook 区域中的"Python3"按钮。点击之后，会在当前路径下创建一个名为"未命名 .ipynb"的 Notebook 文件，启动页也会变为一个新的窗口，如图 C-5 所示，在这个窗口中，可以使用 Jupyter Notebook 进行交互式编程。

图 C-4　启动页 Notebook 区域

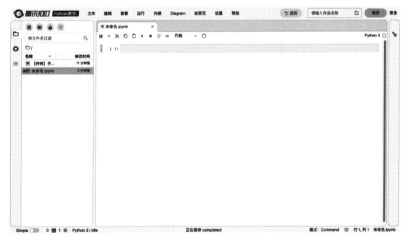

图 C-5　未命名 .ipynb 编程窗口

如果想要上传电脑上的 ipynb 文件，可以点击图 C-6 启动页左上方四个蓝色按钮中的第 3 个按钮：上传按钮。四个蓝色按钮的功能从左到右依次是：新建启动页、新建文件夹、上传本地文件和刷新页面。

图 C-6　启动页左上方蓝色按钮

点击上传按钮之后，可以在电脑中选择想上传的 ipynb 文件，这里上传一个 SAT_3.ipynb 文件进行展示，上传后在左侧文件路径下会出现一个名为 SAT_3.ipynb 的 Notebook 文件，如图 C-7 所示，但是需要注意的是，启动页并不会像创建文件一样，出现一个新的窗口，需要在图 C-7 左侧的文件区找到名为 SAT_3.ipynb 的 Notebook 文件，双击打开，或者右键选择文件打开，打开后会

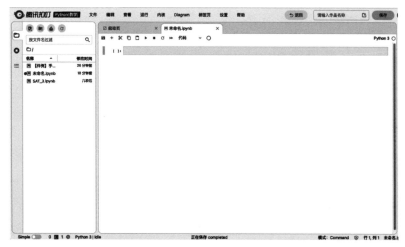

图 C-7　上传文件后界面

出现一个新的窗口，如图 C-8 所示，可以在这个窗口中编辑或运行代码。

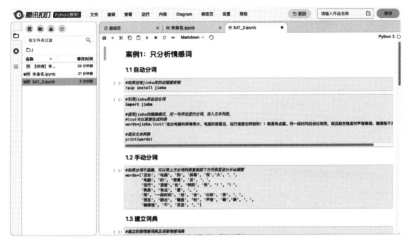

图 C-8　双击打开文件后界面

想要下载文件的话，可以在左侧文件区选中想要下载的文件，然后右键点击选中的文件，会出现如图 C-9 所示的指令界面，选择

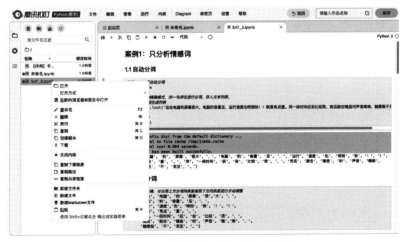

图 C-9　右键点击文件后指令界面

"下载"即可，如果想修改文件名称的话可以点击"重命名"，如果想删除文件的话可以点击"删除"，其他功能读者可以自行探索。

在介绍完如何新建文件、上传文件和下载文件之后，接下来介绍如何编写程序和运行程序。Jupyter Notebook 是可以在单个单元格中编写和运行程序的，这里回到未命名 .ipynb 的窗口进行体验，点击上方文件的窗口名称即可跳转。先介绍一下编辑窗口上方的功能键，如图 C-10 所示，它们的功能从左到右依次是：保存、增加单元格、剪切单元格、复制单元格、粘贴单元格、运行单元格程序、中断程序运行、刷新和运行全部单元格。代码代表的是代码模式，可以点击代码旁的小三角进行模式的切换，如图 C-11 所示，可以使用 Markdown 模式记录笔记。

图 C-10　编辑窗口功能键

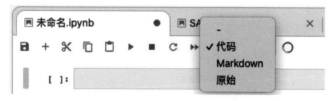

图 C-11　代码模式与 Markdown 模式切换

接下来在单元格中编写一段程序，并点击像播放键一样的运行功能键，或者使用"Ctrl+Enter 键"（光标停留在这一行单元格）运行，并观察一下效果，如图 C-12 所示，其中灰色部分是编写程序的单元格，单元格下方为程序的运行结果。

在 jupyter 里面不使用 print() 函数也能直接输出结果，当然使用 print() 函数也没问题。不过如果不使用 print() 函数，当有多个

　数据科学：机器学习如何数据掘金

图 C-12　单元格内编写并运行程序

输出时，可能后面的输出会把前面的输出覆盖。比如在后面再加上一个表达式，程序运行效果如图 C-13 所示，单元格只输出最后的表达式的结果。

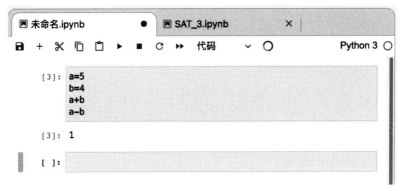

图 C-13　单元格内两个表达式运行结果

想要添加新的单元格的话可以选中一行单元格之后，点击上面的"+"号功能键，这样就在这一行单元格下面添加了一行新的单元格。或者选中一行单元格之后直接使用快捷键"B"键，会在这一行下方添加一行单元格。选中一行单元格之后使用快捷键"A"键，会在这一行单元格上方添加一行单元格。注意，想要选中单元格的话，需要点击单元格左侧空白区域，选中状态下单元格内是不存在鼠标光标的。单元格显示白色处于编辑模式，单元格显示灰色处于选中模式。

　　想要移动单元格或删除单元格的话，可以在选中单元格之后，点击上方的"编辑"按钮，会出现如图 C-14 所示的指令界面，可以选择对应指令，上下移动或者删除单元格，删除单元格的话，选中单元格，按两下快捷键"D"键或者右键点击单元格，选择删除单元格也可以。其他功能读者可以自行探索。

图 C-14　编辑按钮对应指令界面

　　最后介绍如何做笔记和安装 Python 的第三方库，刚才介绍了单元格的两种模式。代码模式与 Markdown 模式，把单元格的代码模式改为 Markdown 模式，程序执行时就会把这个单元格当成是文本格式。可以输入笔记的文字，还可以通过"#"号加空格控制文字的字号，如图 C-15 与图 C-16 所示。可以看到的是，在 Markdown 模式下，单元格会转化为文本形式，并根据输入的"#"号数量进行字号的调整。

　　想要在 jupyter 里安装 Python 第三方库，可以在单元格里输入：! pip install 库名，然后运行这一行单元格的代码，等待即可，如图 C-17 所示。不过腾讯扣叮 Python 实验室的 Jupyter Lab 已经

图 C-15　Markdown 模式单元格编辑界面

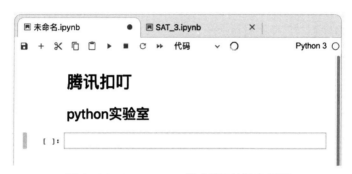

图 C-16　Markdown 模式单元格运行界面

内置了很多常用的库，读者如果在编写程序中发现自己想要调用的库没有安装，可以输入并运行对应代码进行 Python 第三方库的安装。

图 C-17　Python 第三方库的安装